化工原理实验

秦正龙　刘　飒　龙洲洋　陈国建　黄芳敏　编

科学出版社
北　京

内 容 简 介

本书共6章，包括绪论、化工原理实验研究方法、实验数据的测量及处理、化工基本物理量的测量、化工原理基础实验、化工原理计算机仿真实验。本书理论联系实际，强调工程观点和方法论，侧重实验方法的建立和实验设计，同时还适当介绍了与仪器仪表和计算机技术相结合的化工知识，可有效地培养学生的创造性思维和动手实践能力，具有较强的可读性和实用性。

本书可作为高等学校化学、化学工程与工艺、材料科学与工程、环境工程、生物工程、制药工程、机械及自动化控制工程等专业的实验教材，也可供从事相关研究、设计与生产的工程技术人员参考。

图书在版编目（CIP）数据

化工原理实验 / 秦正龙等编. —北京：科学出版社，2017

ISBN 978-7-03-053911-3

Ⅰ. ①化… Ⅱ. ①秦… Ⅲ. ①化工原理–实验–教材 Ⅳ. ①TQ02-33

中国版本图书馆CIP数据核字（2017）第143875号

责任编辑：丁 里 / 责任校对：何艳萍

责任印制：张 伟 / 封面设计：迷底书装

科学出版社出版

北京东黄城根北街16号

邮政编码：100717

http://www.sciencep.com

三河市骏杰印刷有限公司印刷

科学出版社发行 各地新华书店经销

*

2017年8月第 一 版 开本：787×1092 1/16

2025年6月第八次印刷 印张：9 3/4

字数：231 000

定价：39.00元

（如有印装质量问题，我社负责调换）

前　言

党的二十大报告指出："教育、科技、人才是全面建设社会主义现代化国家的基础性、战略性支撑"，"要坚持教育优先发展、科技自立自强、人才引领驱动，加快建设教育强国、科技强国、人才强国，坚持为党育人、为国育才"。

化工原理实验是继化工原理之后开设的一门专业实验课程，其目的是提高学生的实验素质和实际操作技能，强化学生的工程意识和工程观念，拓展学生的化工知识视野，为后续专业课程的学习打下扎实基础。化工原理实验是化工原理教学体系中的重要组成部分，也是学生验证理论知识、建立工程概念及强化工程实践能力不可缺少的实践环节，有助于强化学生深刻理解及掌握化工原理课程的理论知识，进一步培养学生化工工程实践能力。

本书共 6 章，包括绪论、化工原理实验研究方法、实验数据的测量及处理、化工基本物理量的测量、化工原理基础实验、化工原理计算机仿真实验。本书注重理论联系实际，强调运用实验方法论解决工程问题。同时为了适应现代教育技术发展和学科交叉综合的趋势，本书还适当介绍了计算机仿真实验和数据处理方法。

本书在编写中力求概念清晰，层次分明，阐述简洁易懂；强调化工原理实验中的共性问题，夯实基础，拓展知识，具有较强的通用性，既可作为高等学校相关专业的教材，也可作为相关科研和实验工作者的参考书籍。考虑到实验所涉及的物理参数较多，书中还附有部分常用流体的各种物理性质数据参照表。

本书由江苏师范大学秦正龙、刘飒、龙洲洋、陈国建、黄芳敏编写。全书由秦正龙主审和统稿。

在本书编写过程中，编者的领导、同事及科学出版社给予了大力支持和无私帮助，丁里编辑对书稿提出了宝贵的修改意见；本书的出版得到了江苏省高校品牌专业建设项目的资助。本书的编写借鉴了国内兄弟院校同类教材的成功经验，并广泛参考了国内外有关书籍、期刊、讲义等资料，由于篇幅有限，未能一一列举，在此对相关作者表示衷心的感谢。

由于时间仓促，加之编者水平有限，书中难免存在疏漏之处，恳请广大读者批评指正。

编　者

2023 年 8 月

前言

目　　录

前言
第 1 章　绪论……1
1.1　化工原理实验的教学目标……1
1.2　化工原理实验的特点……1
1.3　化工原理实验的内容……2
1.4　化工原理实验各环节的要求……2
第 2 章　化工原理实验研究方法……5
2.1　直接实验法……5
2.2　因次分析法……5
2.3　数学模型法……8
2.4　过程变量分离法……10
第 3 章　实验数据的测量及处理……12
3.1　实验数据的测量……12
3.2　实验数据的误差分析……14
3.3　实验数据的处理……17
3.4　Excel 在化工原理实验数据处理中的应用……22
3.5　Origin 在化工原理实验数据处理中的应用……31
第 4 章　化工基本物理量的测量……40
4.1　压力的测量……40
4.2　流量的测量……43
4.3　温度的测量……49
4.4　功率的测量……51
4.5　折射率的测量……52
第 5 章　化工原理基础实验……55
实验一　雷诺实验……55
实验二　伯努利方程实验……59
实验三　孔板流量计的校核……64
实验四　管路流体阻力的测定……69
实验五　流体输送实验……76
实验六　离心泵特性曲线的测定……84
实验七　恒压过滤常数的测定……89
实验八　气-气列管换热实验……98
实验九　填料塔吸收系数的测定……103
实验十　精馏过程分离实验……109

实验十一　干燥速率曲线的测定……114
第 6 章　化工原理计算机仿真实验……121
实验十二　流量计性能测定仿真实验……122
实验十三　离心泵串并联仿真实验……124
实验十四　正交试验法在过滤研究实验中的应用仿真实验……127
实验十五　液-液传热仿真实验……129
实验十六　填料塔吸收（氨-水）仿真实验……131
实验十七　精馏塔仿真实验……133
参考文献……136
附录……137
附录 1　法定单位计量及单位换算……137
附录 2　干空气的物理性质（101.3kPa）……138
附录 3　水的物理性质……139
附录 4　水在不同温度下的黏度……140
附录 5　水的饱和蒸气压（–20～100℃）……140
附录 6　饱和水蒸气表（以温度为准）……142
附录 7　饱和水蒸气表（以压力为准）……143
附录 8　一些二元物系的气-液平衡组成……145
附录 9　某些气体溶于水的亨利系数……146
附录 10　乙醇-水体系浓度与折射率的关系（25℃）……147
附录 11　常见气体的扩散系数……147
附录 12　常用流体流速范围……148
附录 13　IS 型单级单吸离心泵规格（摘录）……149

第1章　绪　　论

化工原理实验是化学工程与工艺、环境工程、制药工程、材料科学与工程等专业一门重要的工程实践课程。化工原理实验的研究对象和研究方法与物理、化学等基础学科明显不同，它是运用自然科学的基本原理和工程实验方法解决化工及相关领域的工程实际问题。显然，化工原理是建立在实验基础上的学科，它不仅有自身的理论体系，也有一些专门的研究方法。由于对化工生产中众多因素之间的关系尚未完全清楚，所以化工原理课程中很多处理问题的方法和结论都是通过实验归纳获得的。为了更好地反映生产的实际过程，化工原理实验一般是在小试、接近中试装置的规模上进行的，比基础化学实验更接近生产实际，但又有别于生产实际装置，它要求有更完善的测试条件，以便对变量之间的关系进行测试、探索，并对过程进行观察分析。教师在实验教学中要注重引导学生利用化工过程技术和设备、实验教学法和现代数控技术等知识，分析、设计和操控典型的化工单元操作过程，进而全面培养学生的思维方法，提高其动手和创新能力及大工程观意识。

1.1　化工原理实验的教学目标

化工原理实验的教学目标主要包括以下几点。

（1）巩固和深化理论知识。通过化工原理实验加深学生对理论教学中相关基本理论的理解，使学生的知识得到充实和提高。

（2）提供理论联系实际的机会。学习运用所学的化工原理等化学化工的理论知识解决实验中遇到的具体问题，同时学习如何通过实验获取新知识。

（3）通过化工原理实验基本技能的训练，学生掌握化工实验的基本方法和实用技术，培养从事科学实验研究的能力。

（4）培养学生发现问题、分析问题和解决问题的能力。

（5）培养学生科学的思维方法、严谨的科学态度和优良的科学作风，提高自身专业素养。

（6）随着科技的发展，不断引进新的化工实验技术，包括虚拟仿真实验技术，进而使学生开阔视野，培养创新意识。

1.2　化工原理实验的特点

化工原理实验与其他实验一样，可以帮助学生验证课堂理论以加深对理论的理解与认识，所以它具有一般实验的全部特点。但与其他实验相比，化工原理实验还具有两个自身特点。

（1）工程性。学生在化工原理实验中逐渐脱离使用烧杯、烧瓶和试管等玻璃仪器，开始使用金属设备、金属管道和工程测量仪表等工程装置；另外，实验的影响因素由比较单一变为复杂；同时，实验也由间歇操作逐渐转变为连续操作等。所以，化工原理实验室类似于化工厂的小型车间，化工原理实验具有非常明显的工程性。

（2）社会性。学生在进行化工原理实验时通常需要多人组成一个实验小组合作完成，只有小组内的各位成员合理分工、协同工作才能真正做好实验。所以，从这个层面来说，化工原理实验具有较强的社会性。

1.3　化工原理实验的内容

化工原理实验的内容主要包括实验理论教学和实践教学两大部分。

（1）实验理论教学。

实验理论教学主要介绍化工原理实验的特点、实验教学目的、实验的研究方法、实验数据的测量方法、误差分析和处理方法等基本知识。

（2）实践教学。

实践教学主要涉及十几个典型单元操作实验：雷诺实验、流体流动阻力的测定、离心泵特性曲线的测定及传热、吸收、精馏、干燥等单元操作。

1.4　化工原理实验各环节的要求

实验的成败以及能否反映客观实际，除与实验的设计及装置的可靠性有关外，实验操作是否正确也是十分重要的因素，这是由实验者本身的素质和态度决定的。素质只有通过长期训练及本身的努力才能提高；而态度更是实验者主观能动作用是否真正发挥的体现。

为了达到教学目的，对学习化工原理实验提出了以下几方面要求。

1.4.1　课前预习

（1）认真阅读实验教材，明确实验的目的、内容及注意事项，带着问题到实验室进行实验。

（2）根据实验的具体任务，研究实验方法及其理论根据，分析应该测取哪些数据，并估计实验数据的变化规律。

（3）在实验室现场结合实验教材，仔细查看设备流程、主要设备的构造、仪表种类及安装位置等；了解设备启动、使用方法及设备流程的特点。

（4）拟订实验方案，掌握操作顺序、操作条件及设备的启动程序；知道如何调整操作条件，实验数据应如何布点。

（5）写出预习报告，包括实验目的、实验原理、装置流程示意图、实验步骤和注意事项等。

1.4.2 实验操作、数据记录与处理

实验操作是实验教学的核心环节。学生只有通过亲自动手操作才能理解单元操作设备及流程，了解如何进行过程的优化，分析各种非正常现象产生的原因，并学会采取相应措施解决遇到的问题。

进行实验时，要认真记录实验数据，养成科学研究工作所必需的良好习惯。实验数据的记录不仅是书写报告和发表论文的原始资料，而且是可供查阅的永久记录。实验数据记录具体要求如下。

（1）实验中应密切关注仪表示数的变化，随时调节，以保证过程的稳定性。一定要注意过程稳定后方可取样或读取数据。所以，实验条件改变后，要等待一段时间，数据稳定之后才能取样或读数。

（2）准备好完整的原始数据记录表，记下各项物理量的名称、符号和计量单位，要保证数据的完整性。

（3）凡是影响实验结果或与实验相关的数据均应测取，包括大气压、室温、水温、设备有关尺寸、物料性质等，不应遗漏。需注意：并非所有的数据都是能够直接测取的，如通过测水温就查得水的黏度和密度。

（4）同一条件下至少应读取两次数据，而且只有当两次读数相近时才能改变操作条件。

（5）数据记录必须真实地反映仪表的精度，一般要记录至仪表最小分度以下一位数。每个数据记录后，应立即复核，以免发生读错或写错数字等事故。

（6）如果出现不正常情况及数据有明显误差时，应在备注栏中注明。小组成员应与教师一起认真讨论，研究异常现象发生的原因，及时发现问题、解决问题，或者对现象做出合理的分析、解释。

（7）实验过程中切忌只顾埋头操作和读数，忽略对实验现象的观察和描述。

（8）实验完毕后，所记录的数据须经实验指导教师检查合格签字后，才可结束实验；实验数据若有短缺或不合理，应补全或重做。

数据的整理与处理注意事项如下。

（1）原始记录只可进行整理，绝不可以随便修改。

（2）经仔细判断确实为过失误差造成的不正确数据须注明后方可剔除，不记入结果。

（3）数据处理过程应有计算示例。

（4）实验结果及结论可用列表法、图解法或回归分析法说明，具体的数据处理方法详见第 3 章。

1.4.3 实验报告的书写要求

实验报告是实验工作的全面总结和系统概括，是实践环节中不可缺少的重要组成部分。化工原理实验具有显著的工程性，属于工程技术科学的范畴，它研究的对象是复杂的实际问题和工程问题。完整的实验报告一般应包括以下几方面内容。

（1）封面：实验名称、报告人姓名、学号、专业、实验地点、指导教师、实验日期等详细信息。

（2）实验目的和内容：简明扼要地说明为什么要进行本实验，实验要解决什么问题。

（3）实验原理：简要说明实验所依据的基本原理，包括实验涉及的主要概念，实验依据的重要定律、公式及据此推算的重要结果，要求准确、充分。

（4）实验装置流程示意图：简单地画出实验装置流程示意图和测试点、控制点的具体位置及主要设备、仪表的名称。标出设备、仪器仪表及调节阀等的标号，在流程图的下方写出图名及与标号相对应的设备、仪器等的名称。

（5）实验操作要点：根据实际操作程序划分为几个步骤，并在前面加上序号，使条理更为清晰。对于操作过程的说明应简单明了。

（6）注意事项：对于容易引起设备或仪器仪表损坏、容易发生危险以及一些对实验结果影响比较大的操作，应在注意事项中注明，以引起注意。

（7）原始数据记录：记录实验过程中由测量仪表所读取的数值。读数方法要正确，记录数据要准确，要根据仪表的精度决定实验数据的有效数字的位数。

（8）数据处理：数据处理是实验报告的重点内容之一，要求将实验原始数据进行整理、计算，并将其制成便于分析讨论的表和图，而且图、表要易于显示数据的变化规律及各参数的相关性。

（9）实验结果的分析与讨论，主要内容包括：①从理论上对实验所得结果进行分析和解释，说明其必然性；②对实验中的异常现象进行分析讨论，说明影响实验的主要因素，分析误差的大小和原因，讨论如何提高实验精度；③由实验结果提出进一步的研究方向或对实验方法及装置提出改进建议等，分析实验结果在生产实践中的价值和意义。

（10）实验结论：结论是根据实验结果所做出的最后判断，得出的结论要从实际出发，有理论依据。

第 2 章　化工原理实验研究方法

化学工程实验研究的困难在于所涉及的物料众多，如物质、组成、相态、温度、压力均可能有所不同，设备数量众多，形状尺寸相差悬殊，如采用通常的实验研究方法，必须遍及所有的流体和一切可能的设备几何尺寸，其繁杂的实验工作量和实验难度难以想象。那么，能否用模拟物料进行实验，在物料种类上由此及彼？能否只在小设备上进行实验，在设备尺寸上由小见大？能否只做少量的探索性实验，从而归纳方程用于工业设计？与其他工程学科一样，化学工程学科除了总结生产经验之外，实验研究是学科建立和发展的重要基础。多年来，化工原理在发展过程中形成的研究方法有：直接实验法、因次分析法、数学模型法和过程变量分离法等几种。

2.1　直接实验法

直接实验法是解决工程实际问题最基本的方法，其优点是针对特定的工程问题直接进行实验测定，所得到的结果较为可靠；缺点是往往只能用于条件相同的情况，具有较大的局限性。

对一个由多变量影响的工程问题，若采用直接实验法，通常是先只改变其中的某一个变量而将其他变量固定进行实验，然后再改变测定目标值。如果变量数为 m 个，每个变量改变条件数为 n 次，按这种方法规划实验，所需实验次数为 n^m 次。依照这种方法组织实验，所需实验数目非常大，费时费钱，难以实现。

因此，针对工程实验的特殊性，必须采取有效的实验方法，减少工作量，并使得到的结果具有一定的普遍性。因次分析法就是一种能解决上述问题的有效研究方法，在化工原理实验中被广泛地使用。

2.2　因次分析法

在流体力学和传热过程的问题研究中，出现许多影响这些过程的变量，如设备的几何条件、流体流动条件、流体的物性变化等。利用直接实验法测定，研究工作将非常困难，因为通过改变许多变量来完成实验，几乎是不可能完成的，而且实验结果也不具有普适性。利用因次分析法，可以大大减少工作量。因次分析法通过将变量组合成无因次数群，从而减少实验自变量的个数，大幅度地减少实验次数，因此在化工实验中应用广泛。

2.2.1　因此分析法的基本原理

（1）因次一致性原则：凡是根据基本的物理规律导出的物理量方程，其中各项的因次必然相同。

（2）白金汉（Buckingham）π 定理：设影响该现象的物理量数为 i 个，这些物理量的基本因次数为 j 个，则该物理现象可用 $N=i-j$ 个独立的无因次数群关系式表示，这类无因次数群称为准数。

因次分析法是将多变量函数整理为简单的无因次数群的函数，然后通过实验归纳整理出关系图或准数关系式。

基本因次：彼此独立，不能相互导出。

导出因次：由基本因次导出。例如，在力学领域内基本因次有三个，通常为长度 L、时间 θ、质量 M，其他力学的物理量的因次都可以由这三个因次导出并写成幂指数乘积的形式：

$$[Q]=\mathrm{L}^a\theta^b\mathrm{M}^c$$

式中：a、b、c 为常数。如果基本因次的指数均为零，则这个物理量称为无因次数或无因次数群，反映流体流动状态的雷诺数就是无因次数群。

2.2.2 因次分析法的具体步骤

（1）找出影响过程的独立变量。

（2）确定独立变量所涉及的基本因次。

（3）构造变量和自变量间的函数式，通常以指数方程的形式表示。

（4）用基本因次表示所有独立变量的因次，并写出各独立变量的因次式。

（5）依据物理方程的因次一致性和 π 定理得出准数方程。

（6）通过实验归纳总结准数方程的具体函数式。

2.2.3 因次分析法举例

以获得流体在管内流动的阻力和摩擦系数 λ 的关系式为例。

（1）寻找影响过程的主要因素，设为独立变量。

$$\Delta p=f(d,l,u,\rho,\mu,\varepsilon) \tag{2-1}$$

式中：Δp 为阻力损失，Pa；d 为圆形直管的内径，m；l 为管长，m；u 为流体在管路内的流速，m/s；ρ 为流体的密度，kg/m^3；μ 为流体的黏度，Pa·s；ε 为管路的绝对粗糙度，m。

（2）确定独立变量所涉及的基本因次。

$[\Delta p]=\mathrm{M}\theta^{-2}\mathrm{L}^{-1}$　　$[d]=\mathrm{L}$　　$[l]=\mathrm{L}$

$[u]=\mathrm{L}\theta^{-1}$　　$[\rho]=\mathrm{ML}^{-3}$　　$[\mu]=\mathrm{ML}^{-1}\theta^{-1}$　　$[\varepsilon]=\mathrm{L}$

其中共有 M、θ、L 三个基本因次。根据 π 定理，无因次数群数目为 $N=7-3=4$。

（3）构建因变量和自变量的函数式。

$$\Delta p=Kd^a l^b u^c \rho^d \mu^e \varepsilon^f \tag{2-2}$$

式中：系数 K 及各指数 a、b、c、d、f 和 e 都待定。

（4）写出包含各独立变量的因次式。

$$\mathrm{ML^{-1}\theta^{-2}} = \mathrm{L}^a\mathrm{L}^b(\mathrm{L\theta^{-1}})^c(\mathrm{ML^{-3}})^d(\mathrm{ML^{-1}\theta^{-1}})^e\mathrm{L}^f$$

即

$$\mathrm{ML^{-1}\theta^{-2}} = \mathrm{M}^{d+e}\mathrm{L}^{a+b+c-3d-e+f}\theta^{-c-e}$$

（5）根据因次一致性原则和 π 定理得出准数方程。

对于 M，则 $d+e=1$；

对于 L，则 $a+b+c-3d-e+f=-1$；

对于 θ，则 $-c-e=-2$。

上述三个方程有六个未知数，自然不可能解出各个未知数。为此，只能把其中三个表示为另三个的函数，将 a、c、d 表示为 b、e、f 的函数，联立解得 $a=-b-e-f$; $c=2-e$; $d=1-e$。

将 a、c、d 值代入式（2-2）中，得

$$\Delta p = Kd^{-b-e-f}l^b u^{2-e}\rho^{1-e}\mu^e\varepsilon^f$$

将指数相同的各物理量合并，即得

$$\frac{\Delta p}{\rho u^2} = K\left(\frac{l}{d}\right)^b\left(\frac{du\rho}{\mu}\right)^{-e}\left(\frac{\varepsilon}{d}\right)^f \tag{2-3}$$

或

$$\frac{\Delta p}{\rho} = 2K\left(\frac{l}{d}\right)^b\left(\frac{du\rho}{\mu}\right)^{-e}\left(\frac{\varepsilon}{d}\right)^f\left(\frac{u^2}{2}\right) \tag{2-4}$$

对于均匀水平直管，阻力损失 Δp 与管长 l 成正比，$b=1$。故式（2-4）可写成如下形式：

$$h_\mathrm{f} = \frac{\Delta p}{\rho} = \varphi\left(Re,\frac{\varepsilon}{d}\right)\left(\frac{l}{d}\right)\frac{u^2}{2} = \lambda\frac{l}{d}\frac{u^2}{2} \tag{2-5}$$

式中：$\lambda = 2K\left(\frac{du\rho}{\mu}\right)^{-e}\left(\frac{\varepsilon}{d}\right)^f = \varphi\left(Re,\frac{\varepsilon}{d}\right)$；$Re=\frac{du\rho}{\mu}$，称为雷诺数。

（6）通过实验归纳总结准数方程的具体函数式。

通过实验，数据的结果可表示成 λ 与 Re 和 ε/d 的关系，也就是著名的莫狄图，即“摩擦阻力系数 λ 与雷诺数 Re、相对粗糙度 ε/d 的关系曲线”。例如，适用于光滑管的柏拉修斯公式：

$$\lambda = \frac{0.3164}{Re^{0.25}}$$

2.2.4　因次分析法应注意的问题

（1）最终所得数群的形式与求解联立方程组的方法有关。如何合并变量用的准数，这是研究者必须注意的问题。在上例中，如果不以 b、e、f 表示 a、d、c，而以 d、e、f

表示 a、b、c，整理得到的数群形式也就不同。这些形式不同的数群通过互相乘除，仍然可以变换成上例中所求得的数群。

（2）必须找出所有影响过程的因素。如果有一个重要的变量遗漏，或者引进一个无关的变量，就会得出不正确的结果，甚至导致错误的结论。

2.3 数学模型法

数学模型法又称为公式法或函数法，即用一个或一组函数方程式来描述过程变量之间的关系。数学模型法建立在对过程的内在规律进行深入研究并充分认识的基础上，将复杂的问题高度概括，提出足够简化而又不失真的物理模型，获得描述过程的数学方程，然后求解方程，得出结论。

2.3.1 数学模型法的主要步骤

（1）通过预实验认识过程，将复杂问题简单化，提出简化又不失真的模型。

（2）对所得到的物理模型进行数学描述，即建立数学模型，然后确定该方程的初始条件和边界条件，求解方程。

（3）通过实验对数学模型的合理性进行检验，并确定模型参数。

2.3.2 数学模型法示例

以求取流体通过颗粒床层的压降为例。固定床中颗粒间的空隙形成许多可供流体通过的细小通道，这些通道是曲折并互相交联的，且其截面大小和形状很不规则[图 2-1（a）]，流体通过如此复杂的通道时的压降自然很难进行理论计算，但数学模型法可以用来解决这个问题。

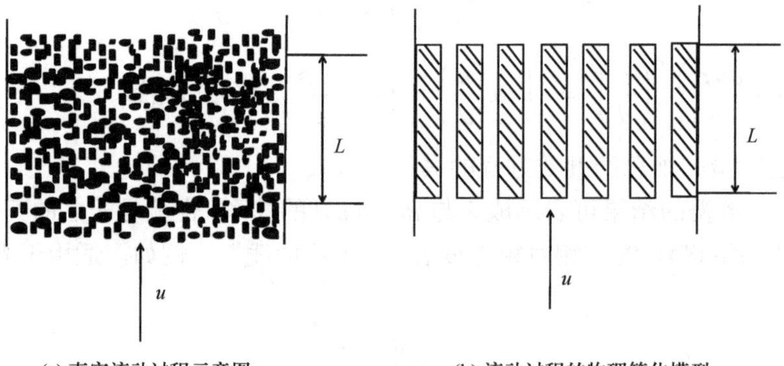

(a) 真实流动过程示意图　　(b) 流动过程的物理简化模型

图 2-1　流体在颗粒床层中流动的物理模型

1. 建立简化的物理模型

流体通过颗粒床层的流动很慢，属于爬流。因此，单位体积床层所具有的表面积对流动阻力起决定性的作用。这样，为解决压降问题，可在保证单位体积表面积相等的前提下，将颗粒层内的实际流动过程做如下大幅度的简化，使其可以用数学方程式加以描述。将床层中的不规则通道简化成长度为 L_e 的一组平行细管[图 2-1（b）]，并假定：①细管的内表面积等于床层颗粒的全部表面积；②细管的全部流动空间等于颗粒床层的空隙容积。由此可求得该虚拟细管的当量直径 d_e：

$$d_e = \frac{4\times 通道的截面积}{润湿周边} = \frac{4\times 通道的截面积\times L_e}{润湿周边\times L_e} = \frac{4\times 床层的流动空间}{细管的全部空间} = \frac{4\varepsilon}{\alpha(1-\varepsilon)}$$

即

$$d_e = \frac{4\varepsilon}{\alpha(1-\varepsilon)} \tag{2-6}$$

式中：α 为颗粒的比表面积，m^2/m^3；ε 为床层的孔隙率，$\varepsilon = \frac{床层体积-颗粒所占体积}{床层体积}$；$L_e$ 为细管的当量长度，m。

2. 建立数学模型

显然，通过上述简化的物理模型，可将流体通过复杂的颗粒床层的压降简化为通过均匀直管的压降，对此作出如下数学描述；

$$h_f = \frac{\Delta p}{\rho} = \lambda \frac{L_e}{d_e}\frac{u_1^2}{2} \tag{2-7}$$

式中：λ 为摩擦阻力系数；ρ 为流体的密度，kg/m^3；Δp 为压降，Pa；h_f 为流体流动的阻力损失，J/kg；u_1 为流体在细管内的实际流速，m/s；d_e 为细管的当量直径，m。

u_1 与空塔流速 u（表观流速）有如下关系：

$$u_1 = \frac{u}{\varepsilon} \tag{2-8}$$

将上述所求的 d_e [式（2-6）]和 u_1 [式（2-8）]一起代入式（2-7），得

$$\frac{\Delta p}{L} = \left(\frac{\lambda L_e}{8L}\right)\frac{\alpha(1-\varepsilon)}{\varepsilon^3}\rho u^2 \tag{2-9}$$

令

$$\lambda' = \frac{\lambda L_e}{8L}$$

则

$$\frac{\Delta p}{L} = \lambda' \frac{\alpha(1-\varepsilon)}{\varepsilon^3}\rho u^2 \tag{2-10}$$

式（2-10）即为流体通过固定床压降的数学模型，待定系数 λ' 称为模型参数，其物理意义为固定床的流动摩擦系数。

3. 模型的检验和模型参数的估值

上述床层的简化处理只是一种假定，其有效性必须经过实验检验，其中模型参数 λ' 也必须由实验测定。如果从所有实验结果归纳出的 λ' 与 Re 的关系均相同，则可以认为上述理论分析和构想得到了有力的验证。否则，应返回进行修正，重新推导。康采尼和欧根等均对此进行了实验研究，获得了实验条件下不同范围的 λ' 与 Re 的关联式。

从整个推导过程可以看出，实际上 λ' 与 Re 的关系测定过程就是该数学模型的实验检验过程。简化物理模型的建立源于对过程的认识，一般来说，对过程的本质和规律认识越深刻，建立的物理模型越合理，其数学表达就越准确，实验检验也越顺利。

数学模型法与因次分析法的比较见表 2-1。

表 2-1　数学模型法与因次分析法的比较

方法	关键	对过程认识的程度	实验目的
数学模型法	要紧紧抓住过程的特征，关键在于对复杂过程的合理简化	深刻理解过程的特殊性、本质和规律	检验模型的合理性并测定模型参数
因次分析法	能否如数列出影响过程的全部因素	对过程规律不甚了解，如同黑匣子	寻找各无因次数群间的函数关系

2.4　过程变量分离法

化工单元操作是由化工生产中的某一物理过程与过程设备共同构成的一个单元系统。对于同一物理过程，可在不同形式、不同结构的设备中完成。因此，物理过程变量和设备变量交织在一起，使所处理的工程问题变得复杂。但是，如果可以在众多变量之间将交联较弱者切开，则有可能使问题大为简化，从而易于解决，这就是变量分离方法。

例如，在低浓度气体吸收的研究中，吸收塔填料层高度 Z 为

$$Z = \int_0^Z \mathrm{d}Z = \frac{V}{K_y a}\int_{y_2}^{y_1}\frac{\mathrm{d}y}{y-y^*} \tag{2-11}$$

$$H_{\mathrm{OG}} = \frac{V}{K_y a} \tag{2-12}$$

$$N_{\mathrm{OG}} = \int_{y_2}^{y_1}\frac{\mathrm{d}y}{y-y^*} \tag{2-13}$$

式中：V 为混合气体的摩尔通量，kmol/（$\mathrm{m^2\cdot s}$）；$K_y a$ 为以 Δy_m 为推动力的气相总体积传质系数，kmol/（$\mathrm{m^3\cdot s}$）；y_1 为塔底入口气相中溶质组分的摩尔分数；y_2 为塔顶出口气相中溶质组分的摩尔分数；H_{OG} 为气相总传质单元高度，m；N_{OG} 为气相总传质单元数，无因次。

H_{OG} 取决于气体量的大小和总体积吸收系数，总体积吸收系数与填料性能有关。因此，H_{OG} 反映了设备传质性能的好坏，其值越大，设备传质性能越差，完成一定的分离任务所需的填料层就越高。N_{OG} 取决于分离任务的要求和相平衡关系，与设备性能无关，

它反映了分离任务的难易程度，其值越大，表明分离越困难，要完成一定的分离任务所需的填料层就越高。

又如，板式塔是一种级式接触传质设备，由于在塔板上的传质过程受到物性、气液两相流量、流体组成、两相流动状况、接触状况等众多因素的影响，其过程机理十分复杂。也就是说，塔板上气、液两相的传质和传热速率不仅取决于物系的性质，还与操作条件和塔板结构有关，很难用简单的方程表示。工程上为了解决这一困难，引入了理论板和塔板效率的概念。理论塔板是一种气、液两相均充分混合但传质、传热过程阻力均为零的理想化塔板。因此，无论引入理论塔板的气、液两相组成如何，离开塔板的气、液两相在传热、传质两方面都达到平衡状态，即两相的温度相同，组成互为平衡。而实际塔板与理论塔板的差异则以塔板效率来表示。理论塔板和塔板效率的引入，将复杂的精馏过程分解为两个问题，即完成一个规定的分离任务，共需要多少块理论塔板；为了确定实际塔板数，需要知道塔板效率多高。

理论塔板、塔板效率的概念与传质单元数、传质单元高度的概念有异曲同工之妙，也是一种变量分离方法的具体应用。对于具体的分离任务，所需的理论塔板数只取决于物系的相平衡关系和两相的流量比，而与物系的基础物性、塔板结构及流动状态无关，后者众多因素的复杂影响则包含于塔板效率内。而精馏过程实验研究的重点正是测定塔板效率。

第 3 章　实验数据的测量及处理

科学研究以实验工作为基础，需要测定大量的实验数据，并对其进行分析、计算，再整理成图表、公式或经验模型，以便与理论结果比较分析。因此，由实验获取的数据必须经过正确的处理和分析，只有正确的结论才能经得起检验。下面介绍这方面的基本知识。

3.1　实验数据的测量

3.1.1　有效数字的读取

1. 实验数据的分类

在化工原理实验过程中，经常会遇到以下两类数据。

无量纲数据：这一类数据均没有量纲，如圆周率（π）、自然对数（e）和一些经验公式的常数值等。对于这一类数值的有效数字，其位数的选取可多可少，通常根据实际需要而定。

有量纲数据：用来表示测量的结果。在实验过程中，所测量的数据大多属于这一类，如温度、压力和流量等。这一类数据的特点是除了有特定的单位外，最后一位数字通常是由测量仪器的精确度决定的估计数字，就这类数据测量的难易程度和采用的测量方法而言，一般可利用直接测量和间接测量两种方法。

2. 直接测量时有效数字的读取

直接测量是实现物理量测量的基础，在实验过程中应用十分广泛。例如，用温度计测量温度，用压差计测量压力（压差），用秒表测量时间等。直接测量值的有效数字的位数取决于测量仪器的精度。测量时，一般有效数字的位数可保留到测量仪器的最小刻度后一位，这最后一位即为估计数字。例如，如图 3-1 所示，使用精确度为 0.1cm 的刻度尺测量长度时，其数据可记为 22.26cm，其有效数字为 4 位，最后一位为估计数字，其大小可能随实验者的读取习惯不同而稍有差异。

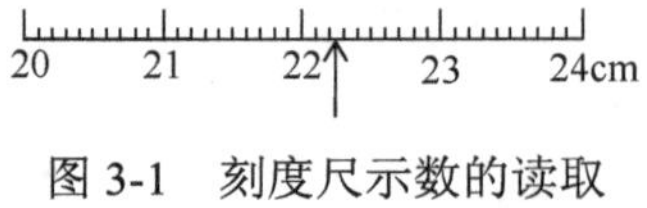

图 3-1　刻度尺示数的读取

若测量仪器的最小刻度不是以 1×10^n 为单位（图 3-2），则估计数字为测量仪器的最小刻度位即可。其数据可记为：图 3-2（a）为 22.3cm，有效数字为 3 位；图 3-2（b）为

22.7cm，有效数字为 3 位。

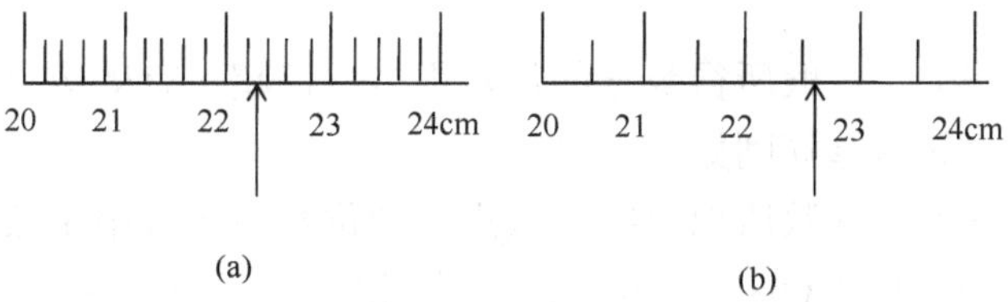

图 3-2 不同最小刻度的刻度尺示数的读取

3. 间接测量时有效数字的选取

在实验过程中，有些物理量难以直接测量时，可选用间接测量法。例如，水箱内流体的质量，可通过测量水箱内水的体积计算得到；管内流体的流速，可通过测量流体的体积流量及圆管的直径计算得到。通过间接测量得到的有效数字的位数与其相关的直接测量的有效数字有关，其取舍方法服从有效数字的计算规则。

3.1.2 有效数字的计算规则

1. “0” 在有效数字中的作用

测量的精度是通过有效数字的位数来表示的，有效数字的位数应是除起定位作用的“0”以外的其余数位，但用来指示小数点位数或定位的“0”不是有效数字。

对于“0”必须注意：50g 不一定是 50.00g，它们的有效数字位数不同，前者为 2 位，后者有 4 位；而 0. 050g 虽然有 4 位数字，但有效数字仅有 2 位。

在科学研究与工程计算中，为了清楚地表示出数据的精度与准确度，可采用科学记数法进行表示。其方法为：先将有效数字写出，在第一个有效数字后面加上小数点，并用 10 的整数幂来表示数值的数量级。例如，若 981000 的有效数字为 4 位，就可以写成 9.810×10^5；若其只有 3 位有效数字，就可以写成 9.81×10^5。

2. 有效数字的舍入规则

在数字计算过程中，确定有效数字位数，舍去其余数位通常是采用“四舍五入”法则确定末位有效数字后边的第一位数字。若在一些精度要求较高的场合，则采用如下方法。

（1）末位有效数字后的第一位数字若小于 5，则舍去。

（2）末位有效数字后的第一位数字若大于 5，则将末位有效数字加上 1。

（3）末位有效数字后的第一位数字若等于 5，则由末位有效数字的奇偶而定，当其为偶数或 0 时，不变；当其为奇数时，则加上 1（变为偶数或 0）。

例如，对下面几个数保留 3 位有效数字，则

$$25.44 \rightarrow 25.4 \qquad 25.45 \rightarrow 25.4$$
$$25.47 \rightarrow 25.5 \qquad 25.55 \rightarrow 25.6$$

3. 有效数字的计算规则

在数据计算过程中，一般所得数据的位数很多，已超过有效数字的位数，这样就需将多余的位数舍去，其运算规则如下。

（1）在加减运算中，各数所保留的小数点后的位数与各数中小数点后的位数最少的相一致。例如，将 13.65、0.0082、1.632 三个数相加，应写为

$$13.65+0.01+1.63=15.29$$

（2）在乘除运算中，各数所保留的位数以原来各数中有效数字位数最少的数为准，所得结果的有效数字位数也应与原来各数中有效数字位数最少的数相同。例如，将 0.0121、25.64、1.05782 三个数相乘，应写为

$$0.0121\times25.6\times1.06 = 0.328$$

（3）在对数计算中，所取对数位数与真数有效数字位数相同。例如

$$\lg 55.0 = 1.74$$

$$\ln 55.0 = 4.01$$

3.2 实验数据的误差分析

测得的实验值与真值的差值称为测定值的误差，测定误差的估算与分析对实验结果的准确性具有重要的意义。

3.2.1 真值与平均值

任何一个被测量的物理量总存在一定的客观真实值，即真值。由于测量的仪器、方法等引起的误差，真值一般不能直接测得，若在实验中进行无限多次测量时，则根据误差分布定律，正、负误差出现的概率相等，将各个测量值相加并取平均值，在无系统误差的情况下，可能获得近似于真值的数值。因此，实验科学将真值定义为：无限多次的测量平均值。而在实际测量中的次数是有限的，故用有限测量次数求出的平均值只能是近似真值，称为最佳值。在实验测量中使用高精度级标准仪器所测得的值代替真值。常用的平均值有下列几种。

1. 算术平均值

$$x_{\mathrm{m}} = \frac{x_1 + x_2 + \cdots + x_n}{n} = \frac{1}{n}\sum_{i=1}^{n} x_i \tag{3-1}$$

2. 几何平均值

$$x_{\mathrm{c}} = \sqrt[n]{x_1 x_2 \cdots x_n} \tag{3-2}$$

3. 均方根平均值

$$x_s = \sqrt{\frac{x_1^2 x_2^2 \cdots x_n^2}{n}} \tag{3-3}$$

4. 对数平均值

$$x_I = \frac{x_1 - x_2}{\ln \dfrac{x_1}{x_2}} \tag{3-4}$$

上述各式中：x_1、x_2、…、x_n 为各次测量值；n 为测量的次数。

3.2.2　误差的表示方法

1. 绝对误差 Δx

某测量值与真值之差称为绝对误差，在实际测量中常以最佳值代替真值。其表达式为

$$\Delta x = x_i - x \approx x_i - x_m \tag{3-5}$$

式中：Δx 为绝对误差；x_i 为 i 次测量值；x 为真值；x_m 为平均值。

2. 相对误差

绝对误差与真值之比称为相对误差：

$$\delta = \frac{\Delta x}{x} \tag{3-6}$$

3. 引用误差

仪表量程内最大示值误差与满量程示值之比的百分数称为引用误差，表达式为

$$\text{引用误差}/\% = \frac{\text{最大示值误差}}{\text{满量程示值(满刻度值)}} \times 100 \tag{3-7}$$

引用误差常用于表示仪表的精度，按引用误差的大小分成几个等级，把引用误差的百分数去掉后剩下的数值称为仪表的精度等级。测量仪表的精度等级是由国家统一规定的。电工仪表的精度等级分别有 0.1、0.2、0.5、1.0、1.5、2.5 和 5.0 七级。

例如，某压力表注明精确度为 1.5 级，即表明该仪表最大误差为相应挡次最大量程的 1.5%，若最大量程为 0.4 MPa，则该压力表最大误差为

$$0.4 \times 1.5\%\ \text{MPa} = 0.006\ \text{MPa} = 6 \times 10^3\ \text{Pa}$$

3.2.3　误差的性质及分类

1. 系统误差

在一定条件下，对同一量进行多次测量时数值始终保持不变的误差，或按某一规律

变化出现的误差称为系统误差。例如，使用刻度不准、零点未校准的测量仪器，实验状态、环境的改变，如外界的温度、压力、湿度的变化，实验操作人员的习惯与偏向等因素都会引起系统误差。这类误差往往在同一物理量的测定中大小和符号基本不变或有一定的规律，经过精确的校正可以消除。

2. 随机误差

在相同条件下，测量同一物理量时随机误差（偶然误差）的绝对值时大时小，符号时正时负，没有一定的规律且无法预测，但这种误差完全服从统计规律。对同一物理量做多次测量，随着测量次数的增加，随机误差的算术平均值趋于零。因此，多次测量的算术平均值将接近真值。

3. 过失误差

由于操作错误或人为失误所产生的误差称为过失误差，这类误差往往表现为与正常值相差很大，在数据整理时应予以剔除。

3.2.4 误差的表征

反映测量结果与真实值接近程度的量称为精确度。它与误差大小相对应，反映测量中所有系统误差和随机误差综合的影响程度。测量的精确度越高，其测量误差就越小。精确度包括精密度和准确度两层含义。

1. 精密度

测量中所测得数值重现性的程度称为精密度。它反映随机误差的影响程度，精密度高表示偶然误差小。

2. 准确度

测量值与真值的偏移程度称为准确度。它反映系统误差的影响程度，准确度高表示系统误差小。

在一组测量中，精密度高的准确度不一定高，准确度高的精密度也不一定高，但精密度是保证准确度的前提。精密度低，所测得的结果不可靠，就失去了衡量准确度的前提。

为了说明精密度与准确度的区别，可用下述打靶例子来说明，如图 3-3 所示。

图 3-3（a）表示精密度和准确度都很高；图 3-3（b）表示精密度很高，但准确度不高；图 3-3（c）表示精密度与准确度都不高。在实际测量中没有像靶心那样明确的真值，只能设法测定这个未知的真值。

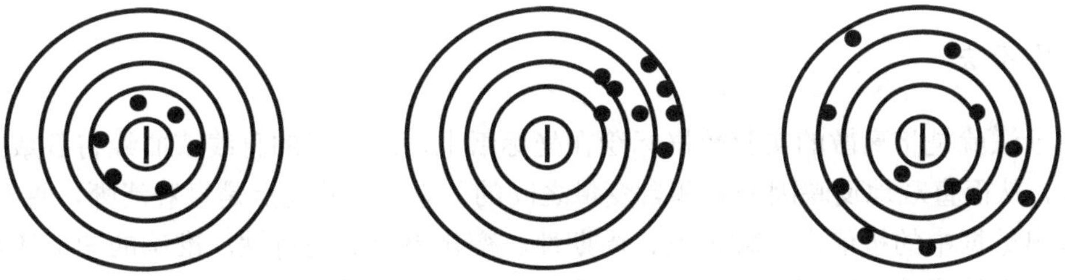

(a)　(b)　(c)

图 3-3　精密度和准确度的关系

学生在实验过程中，往往满足于实验数据的重现性，而忽略了数据测量值的准确程度。绝对真值是不可知的，人们只能制定出一些国际标准作为测量仪表准确性的参考标准。随着人类对科学认知的推移和发展，可以逐步逼近绝对真值。

3.3　实验数据的处理

实验数据处理是整个实验研究过程中的一个重要环节。实验的结果最初是以数据的形式表达的，实验数据处理就是将获得的数据去伪存真、去粗取精后，最终使人们清楚地了解各变量之间的定量关系，以便进一步分析实验现象，提出新的研究方案或得出规律，指导生产与设计。

实验数据的处理方法一般可分为列表法、图示法和数学模型法，以下将各种方法作简单介绍。

3.3.1　列表法

将实验直接测定的数据，或根据测量值计算得到的数据，按照自变量和因变量的关系以一定的顺序列出数据表格，即为列表法。在设计记录表格时应注意下列问题。

（1）单位应在名称栏中详细标明，不要和数据写在一起。

（2）同一列数据必须真实地反映仪表的精确度，即数字写法应注意有效数字的位数，每行之间的小数点对齐。

（3）对于数量级很大或很小的数，在名称栏中乘以适当的倍数。例如，$Re=25300$，用科学计数法表示 $Re=2.53\times10^4$。列表时，项目名称写为 $Re\times10^{-4}$，数据表中数字则写为 2.53。这种情况在化工数据表中经常遇到，在这样表示的同时，还要注意有效数字位数的保留，不要轻易地放弃有效数位。

（4）整理数据时应尽可能将计算过程中始终不变的物理量归纳为常数，避免重复计算。例如，在离心泵特定曲线的测定实验中，泵的转数为恒定值，可直接记为 $n = 2900$r/min。

（5）在实验数据归纳表中，应详细地列明实验过程记录的原始数据及通过实验过程所要求得的实验结果，同时还应列出实验数据计算过程中较为重要的中间数据。

（6）在实验数据表的后面，要附以数据计算示例，从数据表中任选一组数据，举例说明所用的计算公式与计算方法，表明各参数之间的关系，以便于阅读或进行校核。

3.3.2 图示法

图示法就是将离散的实验数据标绘在坐标纸上，用平滑的直线或曲线将各数据点连接起来，从而直观地反映因变量和自变量之间的关系。它的优点是直观清晰，便于比较，容易看出数据中的极值点、转折点、周期性、变化率及其他特性。准确的图形还可以在不知数学表达式的情况下进行微积分运算，因此得到广泛的应用。

应用图示法时经常遇到的问题是如何选择适当的坐标系和合理地确定坐标分度。

1. 坐标系的选择

在化工原理实验数据的处理中，经常用到的坐标系有直角坐标系、对数坐标系和半对数坐标系。学生可采用相对应的坐标纸或采用计算机绘图软件选择相对应的坐标进行绘制。

坐标纸一般是根据变量数据的关系或预测的变量函数形式来确定，其原则是尽量使变量数据的函数关系接近直线，便于拟合处理。

（1）直线关系。变量间的函数关系为 $y=ax+b$，选用直角坐标纸。

（2）指数函数关系。变量间的函数关系为 $y=a^{bx}$，选用半对数坐标纸，因为 $\lg y$ 与 x 呈直线关系。

（3）幂函数关系。变量间的函数关系为 $y = ax^b$，选用对数坐标纸，因为 $\lg y$ 与 $\lg x$ 呈直线关系。

另外，若自变量和因变量两者均在较大数量级变化，可采用对数坐标；若其中任何一个变量的变化范围比另一个变量的变化范围大若干个数量级，宜采用半对数坐标。

以下述一组数据为例，其在各种坐标系下的示意图如图 3-4~图 3-6 所示，其中图 3-4 为直角坐标系，图 3-5 为半对数坐标系，图 3-6 为对数坐标系。

$x=10$，20，40，60，80，100，1000，2000，3000，4000；

$y=2$，14，40，60，80，100，166，181，188，200。

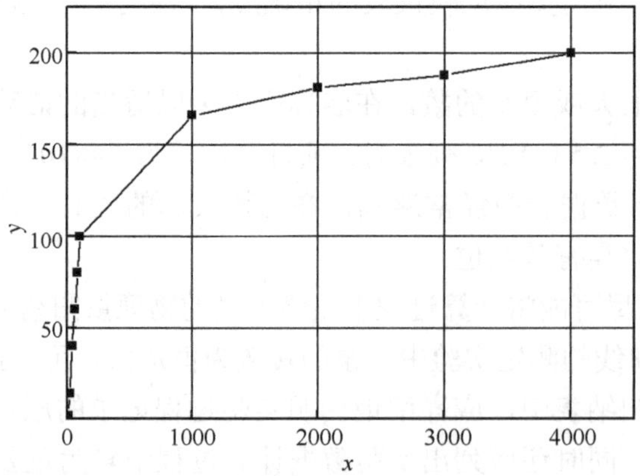

图 3-4　直角坐标系示意图

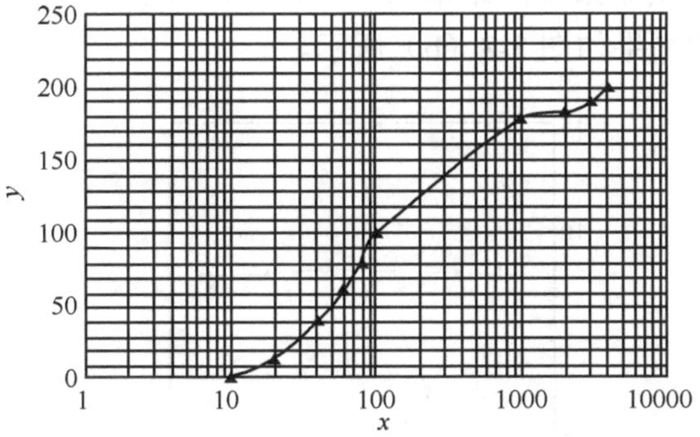

图 3-5　半对数坐标系示意图

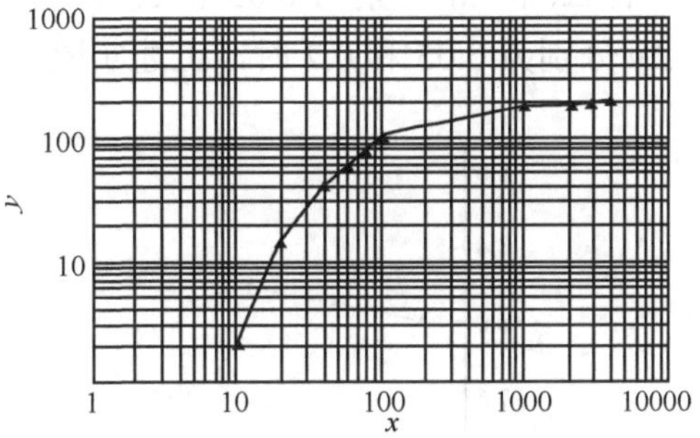

图 3 6　对数坐标系示意图

在 x 的数值等于 10、20、40、60、80 时，曲线开始部分的点在直角坐标系上几乎不可能描出数据（图 3-4），而采用半对数或对数坐标系则可以得到比较清楚的曲线（图 3-5 和图 3-6）。从曲线关系来看，以对数坐标系最为清晰。

2. 坐标的分度

坐标分度是指每条坐标轴所能代表的物理量的大小，即坐标轴的比例尺。如果选择不当，则根据同组实验数据作出的图形就会失真而导致错误的结论。

对于以下数据，用不同的坐标比例尺标绘，曲线形状如图 3-7 所示。

$x = 1.0$，2.0，3.0，4.0，5.0，6.0；

$y = 8.0$，8.1，8.2，8.3，8.1，8.0。

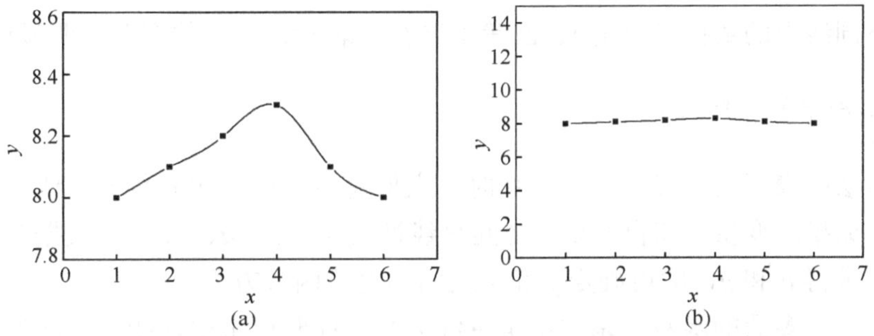

图 3-7　坐标比例尺对图形的影响

由图 3-7 可以看出，用不同比例尺标绘，得出的曲线形状完全不同。如果只看曲线的变化趋势，就会得到两种不同的结论。从图 3-7（a）可以看出，x 对 y 有明显的影响，在 $x = 4.0$ 时，y 有最大值；而从图 3-7（b）得出的结论为，x 对 y 几乎没有影响。

从数学上讲，变量间的函数关系仅取决于自变量和因变量的数值，而与坐标的比例大小没有任何关系。在数据处理中之所以出现以上困惑，是由坐标比例选择不当所致。

坐标分度正确的确定方法如下。

（1）在已知 x 和 y 的测量误差分别为 Δx 和 Δy 的条件下，比例尺的取法通常使 $2\Delta x$ 和 $2\Delta y$ 构成的矩形近似为正方形。

若 Δx 和 Δy 分别为 0.05 和 0.04 时，上述实验数据的结果如图 3-8（a）所示；若 Δx 和 Δy 分别为 0.05 和 0.2 时，上述实验数据的结果如图 3-8（b）所示。

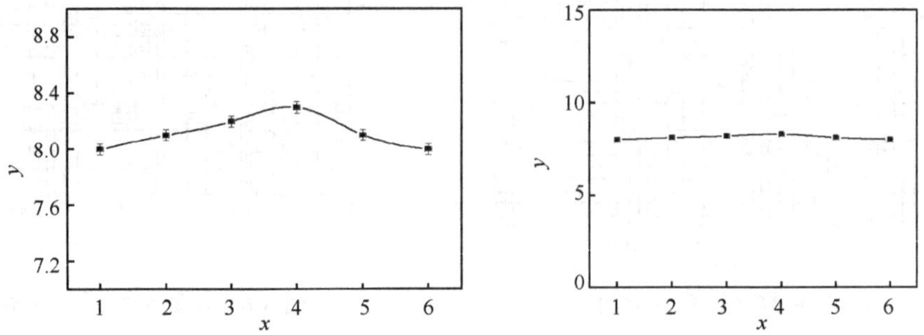

(a) Δx和Δy分别为0.05和0.04　　(b) Δx和Δy分别为0.05和0.2

图 3-8　实验结果示意图

（2）若测量数据的误差未知，则坐标轴的分度应与实验数据的有效数字位数相匹配，即实验曲线的坐标读数的有效数字位数与实验数据的位数相同。

绘图中其他需要注意的事项如下。

（1）图线光滑。利用曲线板等工具将各离散点连接成光滑曲线，并使曲线尽可能通过较多的实验点，或者使曲线以外的点尽可能位于曲线附近，并使曲线两侧的点数大致相等。

（2）定量绘制的坐标图，其坐标轴上必须标明该坐标所代表的变量名称、符号及所用的单位，如离心泵特性曲线的横轴必须标上：流量 Q/（m^3/h）。

（3）图必须有图号和图题（图名），以便于排版和引用。必要时还应有图注。

（4）不同线上的数据点可用○、△等不同符号表示，且必须在图上明显地标出。

3. 图示法中的曲线化直

在图示法中表示两变量之间的关系时，人们总希望根据实验数据曲线得出变量间的函数关系。如果因变量 y 和自变量 x 之间呈线性关系：$y = ax + b$，则根据图示直线的截距和斜率，求得 b 和 a，即可确定 y 和 x 之间的直线函数方程。

但实验中大多数的函数关系并不是直线关系，此时可采用曲线化直的方法处理。曲线化直是指通过变量的代换，将其他复杂的函数关系转为直线关系。

3.3.3　数学模型法

数学模型法又称为公式法或函数法，即用一个或一组函数方程式来描述过程变量之间的关系。就数学模型而言，可以是纯经验的，也可以是半经验的或理论的。选择模型的好坏取决于研究者的理论基础和工程经验。无论是经验模型还是理论模型，都包含一个或多个待求参数，采用合适的数学方法，对函数模型的参数估值并确定参数的可靠程度是数据处理中的重要内容。

1. 数学模型的类型

1）经验模型

在化工研究过程中大量使用经验模型，这些经验模型通过大量的工程数据统计和拟合而成，以下是几种常用的方程形式。

（1）多项式。

其通式为

$$y = a_0 + a_1 x + a_2 x_2 + \cdots + a_m x^m$$

对于流体的物理性质，如比热容、密度、气化热等与温度的关系，常采用多项式的形式。

（2）幂函数。

其通式为

$$y = a_0 + a_1 x^{a_1} + a_2 x^{a_2} + \cdots + a_m x^{a_m}$$

动量、热量或质量传递中的无因次准数之间的关系多用幂函数的形式。

（3）指数函数。

其通式为

$$y = a_0 \mathrm{e}^{bx}$$

化学反应、吸附、离子交换及其他非稳态过程多采用指数函数的形式。

2）理论模型

理论模型又称机理模型，是根据化工过程中的基本物理原理推演而得的。过程变量之间的关系可用物料衡算、能量衡算、过程速率和相平衡四大法则来描述。过程中所有不确定因素的影响可归并于模型参数中，通过必要的实验和有效的数据对模型参数加以确定。

2. 模型参数的估值方法

模型参数的估值方法有如下几种：通过观测数据作曲线方程，称为曲线拟合；用观测数据计算已知模型函数中的参数，称为模型参数估计；用观测数据给出模型方程参数的最小二乘法估计值并进行统计检验，称为回归分析。这类专著较多，以下仅作简单介绍。

1）模型参数估值的目标函数

模型参数估值的目标函数一般根据最小二乘法原理构造。过程变量之间的函数关系如下：

$$y = f(\boldsymbol{x}, \boldsymbol{b})$$

$$\boldsymbol{x} = (x_1, x_2, \cdots, x_m)^{\mathrm{T}}$$

$$\boldsymbol{b} = (b_1, b_2, \cdots, b_k)^{\mathrm{T}}$$

式中：x 为自变量；b 为模型参数。

通常期望模型计数值与实验值之间的偏差最小，则目标函数为

$$F=\sum_{i=1}^{n}(y_i-y^*)=\sum_{i=1}^{n}[f(\boldsymbol{x}_i,\boldsymbol{b}_i)-y_i^*]=\min$$

这样在给定实验数据 x_i、y_i 后，F 就成为与 $\boldsymbol{b}$ 有关的函数了。剩下的问题是采用有效的数学方法求得“最优”的 $\boldsymbol{b}$，使 F 最小。

2）模型参数的估值

模型参数的估值在数学上是一个优化问题，根据模型方程的形式可以分为代数方程或微分方程参数估值；根据参数的多少可分为单参数或多参数估值。对于线性代数方程，可用线性回归方法求得模型参数；对于非线性代数方程，常用的方法有高斯-牛顿（Gauss-Newton）法、马尔夸特（Marguartdt）法、单纯形（Simplex）法等；对于微分方程，常用解析法、数值积分法或数值微分法求解。

3.4 Excel 在化工原理实验数据处理中的应用

3.4.1 Excel 简介

Microsoft Excel 是 Microsoft 公司开发的 Windows 环境下的电子表格系统，它是目前应用最广泛的表格处理软件之一，具有强大的数据库管理功能、图表功能，丰富的宏命令和函数。随着版本的不断提高，Excel 功能日益强大，在实验设计与数据处理中的应用也更加广泛。下面以化工原理实验中套管传热的实验数据处理为例，介绍 Excel 的使用过程。套管传热实验原始数据见表 3-1。

表 3-1　套管传热实验原始数据记录

序号	空气质量流量 W_s/（kg/h）	空气进口温度 t_1/℃	空气出口温度 t_2/℃	蒸汽温度 T/℃
1	7.2	24.7	85.5	112.1
2	7.4	25.0	84.5	112.1
3	9.9	25.4	83.5	112.1
4	11.5	25.8	82.0	112.1
5	13.5	26.1	81.0	112.1
6	15.8	26.4	79.5	112.1
7	18.5	26.8	78.0	112.1
8	21.1	27.1	76.5	112.1
9	25.3	27.3	74.5	112.1
10	29.6	28.0	73.0	112.1

3.4.2 启动 Excel 程序

利用 Excel 程序处理实验数据，启动程序的三种方式如下：双击桌面快捷方式图标；从开始菜单启动；在桌面新建工作表。

3.4.3　建立 Excel 工作表

建立实验数据表格是 Excel 处理实验数据的基础，主要是生成实验数据记录表和结果表示表。在这个过程中，不仅有原始数据的输入，还应对原始数据进行初步的运算，并整理出有关结果。

单元格内容的输入方法有多种，以键盘输入为主。当发现输入出现错误时，使用退格键删除或者修改已经输入的内容；要删除当前单元格内的内容或者选中区域的内容时，可以使用“Del”键，使用“Esc”键解除错误操作。当单元格或者选中区域的内容输入完毕后，使用“Enter”键转入下一个要操作的单元格或者区域。

（1）选择一种方式启动 Excel 程序，进入界面窗口，单击 A1 单元，使其成为当前的单元格，输入“套管传热实验数据记录”，回车确定，并将 A1～E1 单元格合并，使“套管传热实验数据记录”在合并的单元格中居中显示，如图 3-9 所示。

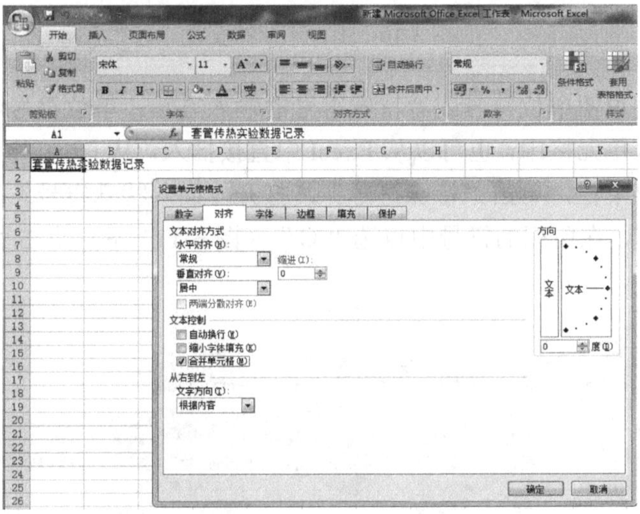

图 3-9　合并单元格

（2）单击 A2 单元，使其成为当前单元格，输入“序号”，回车，然后依次在 B2、C2、D2、E2 单元格中输入“空气质量流量 W_s”、“空气进口温度 t_1”、“空气出口温度 t_2”和“蒸汽温度 T”。

以“空气质量流量 W_s”为例说明上、下标的设置方法：用鼠标选中 B2 单元格中“空气质量流量 W_s”的“s”，单击鼠标右键，单击出现的菜单栏中的“设置单元格格式”，出现“单元格格式”界面，可以设置字体、字形和字号、下划线、颜色和特殊效果等。根据输入内容的特征，“s”是下标，则在“特殊效果”中，单击“下标”前的方框，在方框内出现“√”（图 3-10）后，点击“确定”，则“s”显示为“W”的下标。

（3）单击 A3 单元，使其成为当前单元格，输入“No.”，然后依次在 B3、C3、D3、E3 单元格中输入“kg/h”、“℃”、“℃”、“℃”。

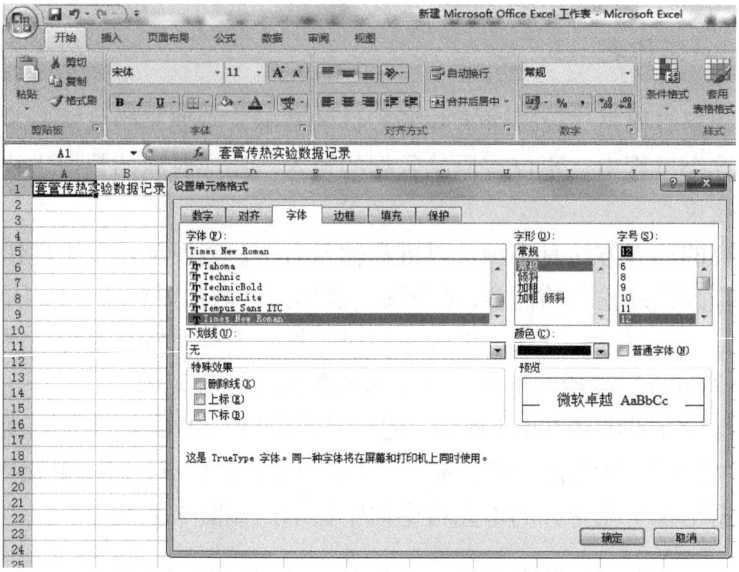

图 3-10　上、下标的设置

以“℃”为例说明单位符号或者特殊符号的输入方法：单位符号可以从输入法的软键盘中找到并插入单元格中，也可以从 Excel 中直接插入。从 Excel 中直接插入时，用鼠标单击“插入”菜单栏，单击“特殊符号”，打开“插入特殊符号”界面，根据需要，点选“单位符号”，在所列的符号中点选“℃”（图 3-11）后，点击“确定”，则“℃”插入至单元格中。

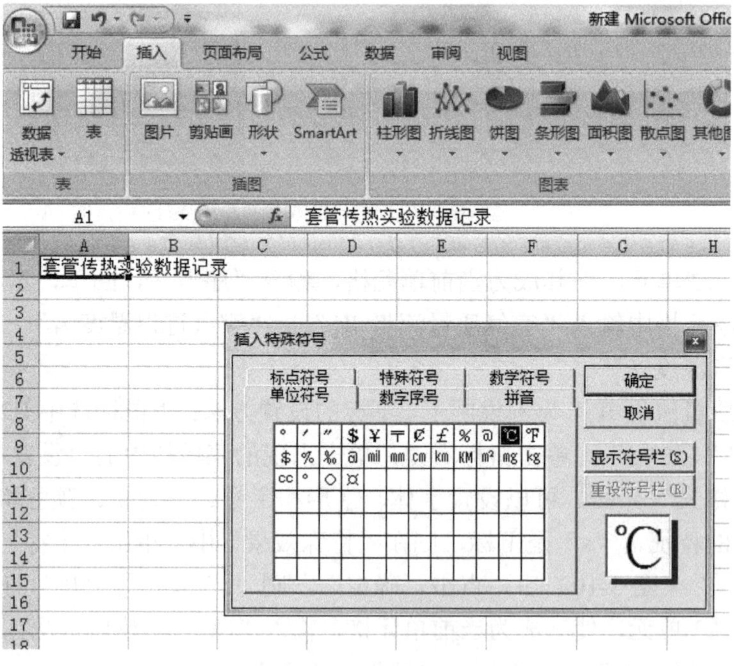

图 3-11　插入单位符号

（4）单击 A4 单元，使其成为当前单元格，输入“1”，回车。然后依次在 A5～A13 中输入数字“2”～“10”，输入结果如图 3-12 所示，主要是给输入的数据编号。如果某列数据存在规律，如等差数列或等比数列，则可以用自动填充法输入内容。

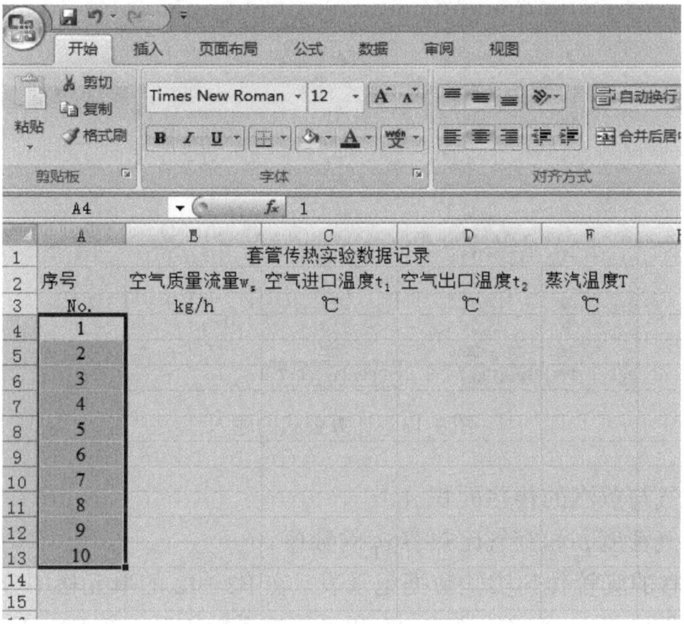

图 3-12　数据填充方法

（5）单击单元 B4，使其成为当前单元格，输入“7.2”，回车。然后依次输入各行的实验数据，完成套管传热实验数据记录表的数据输入。如果某列数据为一常数，则可以用自动填充的办法完成数据的输入。

3.4.4　Excel 表格中实验数据处理

将实验数据输入 Excel 表格中存储不是最终目的，真正目的是借助 Excel 程序对数据进行处理和分析。在数据处理过程中，需要对数据进行计算，在 Excel 中可以利用函数（如求和 SUM，求平均值 AVERAGE 等）进行计算，也可以利用自编公式进行计算。下面以套管传热实验数据的处理为例介绍一些实验数据的处理方法和过程。

（1）计算空气流道面积 S。

单击 A14 单元格，使其成为当前单元格，输入“空气流道面积 S（m^2）”，用鼠标选中 A14 和 B14 单元格，合并单元格并使内容居中显示。点击 C14 单元格，在公式编辑栏中输入“=PI（）/4*0.017^2”（图 3-13），回车。在 Excel 中，当需输入 π 时，可以输入“PI（）”，也可以直接输入 π 的数值，如 3.1415。当计算某数值的幂指数时，若幂指数较小且为整数，如 2 次方或者 3 次方时，可以用连乘来计算，如“0. 017^2”，可以输入“0. 017*0.017”，如是高次幂或者非整数幂指数时，则需输入“x^y”的形式进行计算，如计算实例所示。

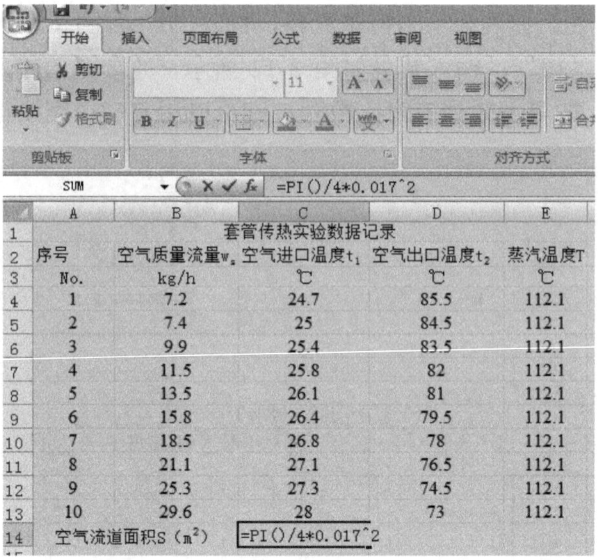

图 3-13　计算公式的输入

（2）计算空气与蒸汽的传热面积 A。

（3）输入空气密度 ρ 和空气比热容 c_p 的数值。

（4）拓宽现有的套管传热实验数据记录表。在 F2～I2 的单元格中分别输入“传热量 Q”、“传热温差 Δt_m”、“空气流速 u”和“传热系数 K”，在 F3～I3 的单元格中分别输入“J/s”、“K”、“m/s”和“W/（m^2·K）”，并设置上述输入内容在单元格中居中显示。

（5）计算传热量 Q。在数据处理中，Q 的计算公式为：$Q = W_s*c_p*(t_2-t_1)*1000/3600$，需要自编公式对 Q 进行计算。具体操作为：点击 F4 单元格，使其成为当前单元格，在公式编辑栏中输入“=B4*1.005*（D4–C4）*1000/3600”，如图 3-14 所示。回车，F4 单元格中显示计算结果 122.208，根据有效数字原则，设置计算数据的小数位为 1 位，保留小数点后 1 位，单元格中计算结果显示为 122.2。

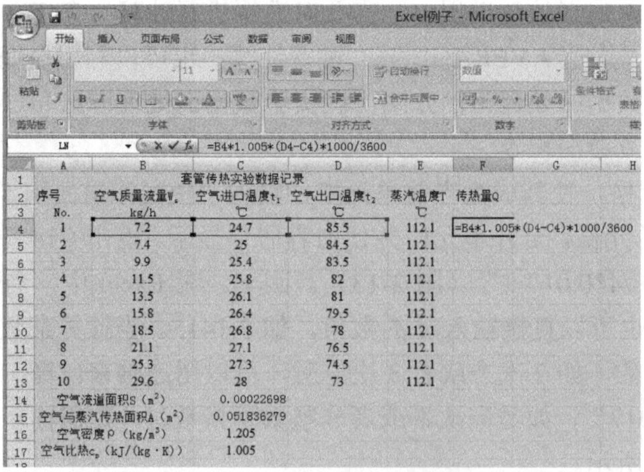

图 3-14　自编计算公式的输入

数据小数位数的设置。点中 F4 单元格，点击鼠标右键，点击“设置单元格格式”，打开“单元格格式”界面，点击“数字”栏，点击“数值”，将“小数位数”通过上三角或者下三角改为“1”（图 3-15）。

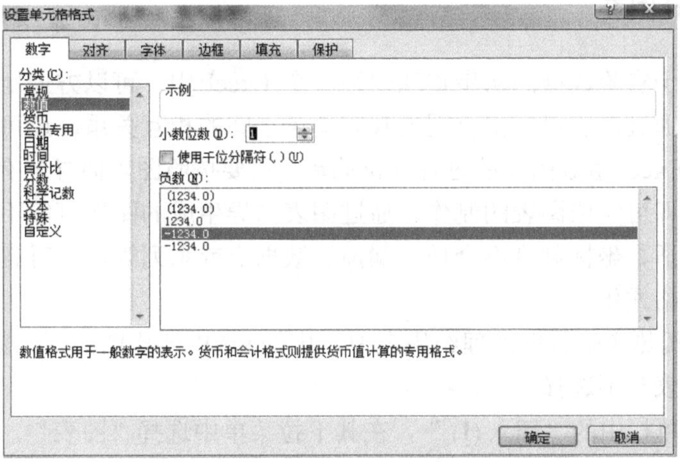

图 3-15　数据小数位数的设置

（6）计算传热推动力，即温差 Δt_m。这里介绍 Excel 中所提供的函数的运用。点击 G4 单元格，在公式编辑栏中输入“=（（E4–C4）–（E4–D4））/”，公式并没有输入完毕，因为公式中涉及函数“LN”。点击公式编辑栏中“f_x”左侧的倒三角符号，打开其下拉菜单，如图 3-16 所示，在其中查找要用的函数“LN”，如不存在，则点击“其他函数”，打开“插入函数”界面，在“或选择类别(C)”中选择“数学与三角函数”。在“选择函数(N)”中选择“LN”，点击确定。打开“函数参数”的界面，在“Number”中输入“（E4–C4）/（E4–D4）”，点击确定，则第 4 行的传热温差计算结果“51.1103”显示在 G4 单元格内，设置其小数点位数为 1 位，数据改为“51.1”，用填充计算法计算 G5～G13 的传热温差。

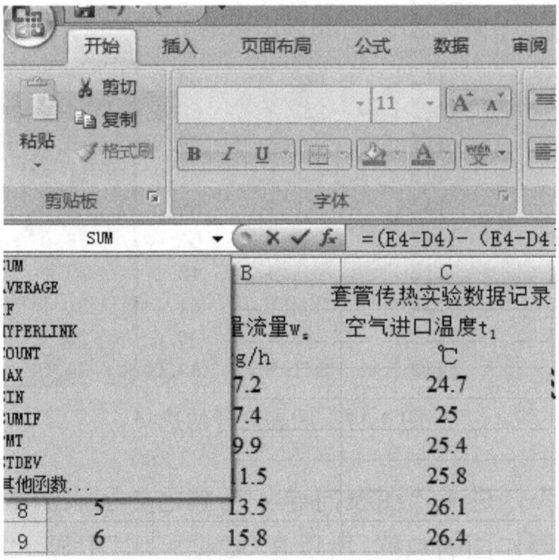

图 3-16　插入函数的下拉菜单

（7）计算空气流速 u。与前面介绍的计算方法类似，点击 H4 单元格，在公式编辑栏中输入“=B4/（1.205*0.00022698*3600）”，回车，则计算结果显示在单元格内。

3.4.5 建立 Excel 图表

图表主要用于实验数据的初步整理归纳，在 Excel 中，可以方便地将实验数据整理成合理的图表。通过图表可以很直观地观察变量之间的相互关系，还可以为进一步整理数据奠定基础。Excel 生成图表的过程非常简单，只要按照图表向导的有关说明，一步一步地进行操作，即可完成图表的制作。通过图表向导生成的图形可能不尽如人意，如图表尺寸比例不合适、坐标刻度不合理、漏掉了数据点或系列等，这时就需要对已生成的图表进行修改和格式化。

（1）在套管传热实验数据处理结果表中，用鼠标选中要作图的两列数据 H 列和 I 列，但是两列数据的表头不选择。

（2）点击菜单栏中的“插入(I)”，在其下拉菜单中选择“图表”，或者直接点击工具栏中的“图表向导”（图 3-17），这时系统进入“图表向导- 4 步骤之 1-图表类型”的界面，在“标准类型”的子菜单中点选“图表类型(C)”下的“XY（散点图）”，在“子图表类型(T)”中选择“散点图”（图 3-18）。

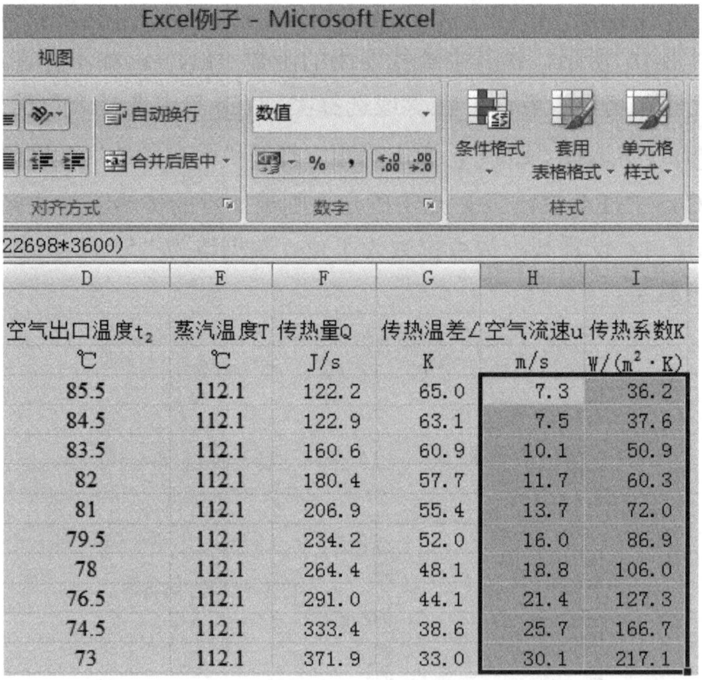

D	E	F	G	H	I
空气出口温度t_2 ℃	蒸汽温度T ℃	传热量Q J/s	传热温差∠ K	空气流速u m/s	传热系数K W/(m^2·K)
85.5	112.1	122.2	65.0	7.3	36.2
84.5	112.1	122.9	63.1	7.5	37.6
83.5	112.1	160.6	60.9	10.1	50.9
82	112.1	180.4	57.7	11.7	60.3
81	112.1	206.9	55.4	13.7	72.0
79.5	112.1	234.2	52.0	16.0	86.9
78	112.1	264.4	48.1	18.8	106.0
76.5	112.1	291.0	44.1	21.4	127.3
74.5	112.1	333.4	38.6	25.7	166.7
73	112.1	371.9	33.0	30.1	217.1

图 3-17　图表向导的选择

（3）点击“下一步”，进入“图表向导-4 步骤之 2-图表源数据”的界面，因为在建立图表之前已经选择了要作图的数据，所以在“数据区域”中显示“=Sheet1 !H4: I13”，根据作图的需要，点选“系列产生在”“列”，如图 3-19 所示。

图 3-18　图表类型的选择

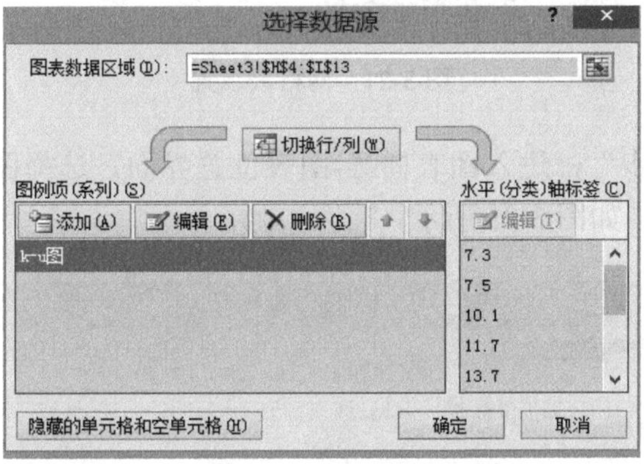

图 3-19　图的生成

（4）点击“下一步”，在“布局”界面中，选择“坐标轴标题”，分别设置横、纵数轴标题为 u（m/s）、K[W/（m^2·K）]，如图 3-20 所示。

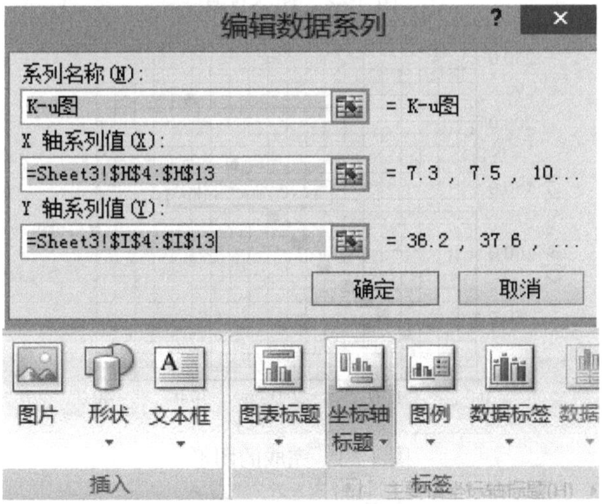

图 3-20　标题设置

在图标区域点击鼠标右键，选择网格线设置，如图 3-21 所示，分别对主要网格线和次要网格线进行设置。

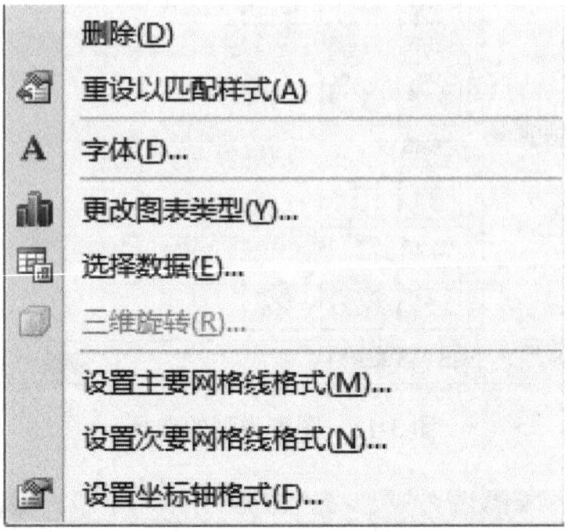

图 3-21　网格线设置

（5）点击“下一步”，进入图表向导-图表位置界面，选择图表所在的位置，如图 3-22 所示。点击完成，如图 3-23 所示。

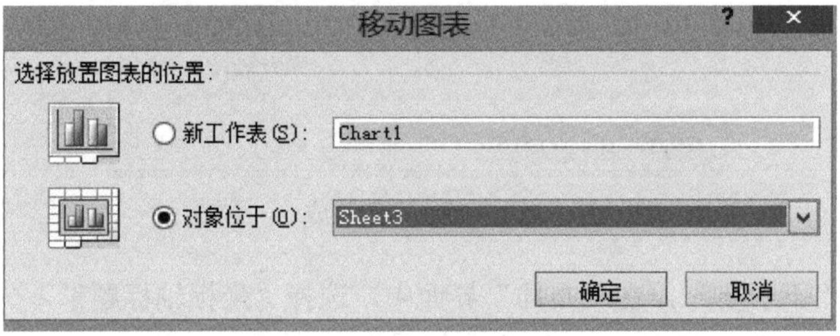

图 3-22　图表位置

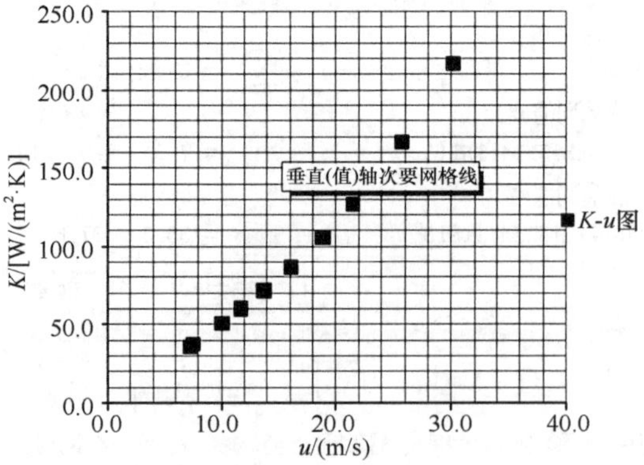

图 3-23　完成的图形

3.5　Origin 在化工原理实验数据处理中的应用

3.5.1　Origin 简介

Origin 是美国 Microsoft 公司开发的具有强大功能的实验数据处理软件，自从推出 Origin1.0 版本以来，现在推出的最新版本为 8.0。Origin 具有简单、直观、操作简单等特点，是一类专用软件，非常适合实验数据的处理。

3.5.2　Origin 启动

Origin 的功能强大，本节主要介绍 Origin 在化工原理实验数据处理中的应用，以离心泵特性曲线测定为例，介绍 Origin 的基本操作。在离心泵特性曲线测定实验中，得到的原始数据记录见表 3-2。使用 Origin 软件对表格中的数据加以处理，得到其扬程、轴功率和效率的数据，绘制离心泵特性曲线。

表 3-2　离心泵特性曲线原始数据记录

序号	流量 Q/（m^3/h）	压力表 p_2/MPa	真空表 p_1/MPa	电功率 N' /W
1	0	0.205	0.006	939
2	1.2	0.195	0.007	1019
3	2.4	0.201	0.008	1039
4	3.6	0.2	0.009	1091
5	4.8	0.198	0.0098	1121
6	6.1	0.192	0.011	1155
7	7.4	0.185	0.012	1187
8	8.7	0.175	0.013	1196
9	10	0.16	0.0145	1209
10	11.1	0.152	0.016	1251
11	12.4	0.122	0.018	1263
12	14	0.062	0.02	1231

在开始菜单单击 Origin 程序的图标，启动 Origin 程序。

如果在用户的计算机桌面上有 Origin 程序的快捷方式，可以双击图标启动程序。

3.5.3　实验数据的输入

启动 Origin 程序进入工作表 Worksheet，它支持多种不同的数据类型，如数字、文本、时间、日期等，也提供了多种向 Worksheet 中输入数据的方法。

第一种输入方法：键盘输入。当打开 Origin 的 Worksheet 时，系统默认出现两列单元格“A（X）”和“B（Y）”，如图 3-24 所示。拟将 A（X）列作为 Q 数据的输入列，用鼠标点选 A（X）第一行的单元格，此时该单元格颜色变深，表示其被选中，然后输入“0”；选择第二行，或者按回车键到第二行，依次在 A（X）的第 2 行到第 12 行的单元格内输入数据。同样，在“B（Y）”输入数据，作为压力表 p_2 的数据，在此列的第 1 行到第 12 行输入压力数据。

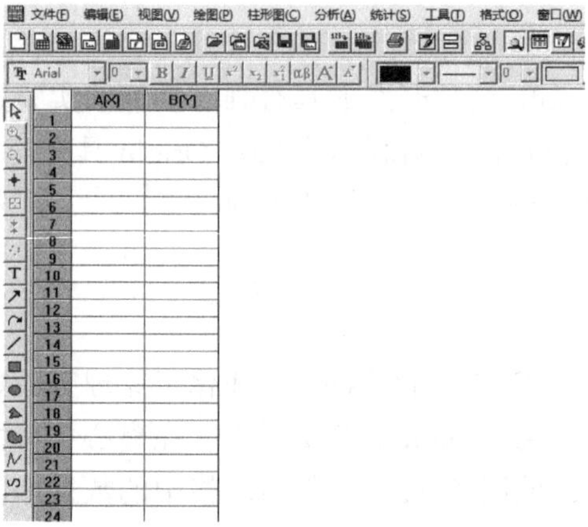

图 3-24　Origin 默认的 Worksheet

因为在原始数据记录表中，除序号列外，还有 Q、p_2、p_1 和 N' 4 列原始实验数据，经过上述操作，输入了 Q 列和 p_2 列的数据，还有 p_1 和 N' 两列数据需要输入 Worksheet 中，所以需要增加两列单元格，具体操作为：点击菜单中的“Column”，下拉菜单中点击“Add new Column”，再点击“OK”即可。

也可以点击标准工具栏中的“Add New Column”按钮，增加两列单元格；还可在工作表的空白处点击鼠标右键，在出现的快捷菜单中选择“Add New Column”，则在工作表的结尾处增加“C（Y）”列，再重复一次上述操作增加“D（Y）”列。输入数据后的 Worksheet 如图 3-25 所示。

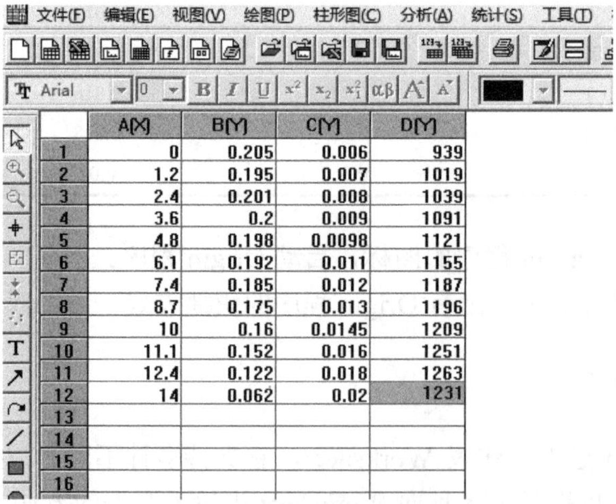

	A(X)	B(Y)	C(Y)	D(Y)
1	0	0.205	0.006	939
2	1.2	0.195	0.007	1019
3	2.4	0.201	0.008	1039
4	3.6	0.2	0.009	1091
5	4.8	0.198	0.0098	1121
6	6.1	0.192	0.011	1155
7	7.4	0.185	0.012	1187
8	8.7	0.175	0.013	1196
9	10	0.16	0.0145	1209
10	11.1	0.152	0.016	1251
11	12.4	0.122	0.018	1263
12	14	0.062	0.02	1231
13				
14				
15				
16				

图 3-25　输入实验原始数据后的 Worksheet

第二种输入方法：通过复制粘贴操作来传递数据。Origin 的数据可以通过剪贴板从其他应用程序如 Word、Excel 等中获得。操作方式与一般的复制粘贴操作相同。

3.5.4　数据计算

在离心泵特性曲线测定实验中，要计算得到离心泵在实验条件下的扬程 H、轴功率 N 和效率 η 等数据。可以通过 Origin 对所得到的原始实验数据进行计算得到想要的数据。

（1）鼠标点击“E（Y）”，则“E（Y）”所在一列的单元格的颜色全部变深，点击鼠标右键，出现下拉菜单，在出现的菜单中选择“Set Column Values”，如图 3-26 所示。打开“Set Column Values”的窗口。

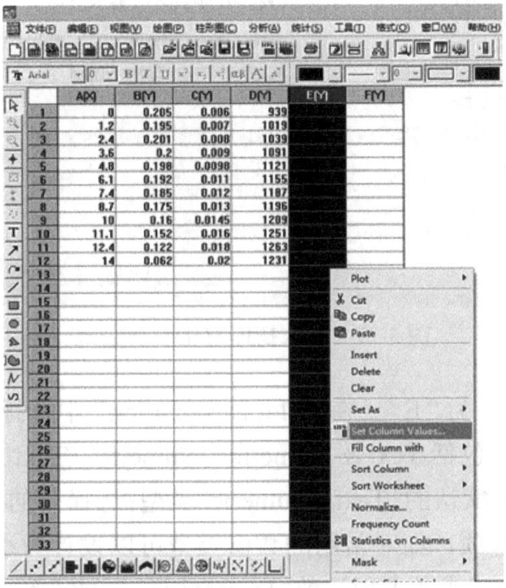

图 3-26　选择“Set Column Values”

（2）扬程的计算公式为

$$H=(p_2+p_1)\times 102+h_0+\frac{Q}{3600\times\dfrac{3.142}{4}}\left(\frac{1}{d_2^2}-\frac{1}{d_1^2}\right) \tag{3-8}$$

在 Origin 中，“A（X）”列对应的是流量 Q，“B（Y）”对应的是压力表的数据 p_2，“C（Y）”对应的是真空表的数据 p_1，$d_1=0.05\text{m}$，$d_2=0.033\text{m}$，$h_0=0.20\text{m}$，所以根据式（3-8），将式中的 p_2 改成 B（Y），p_1 改成 C（Y），Q 改成 A（X），同时将 d_1、d_2 和 h_0 的数据代入式（3-8），则变为

$$H=[(\text{B(Y)}+\text{C(Y)}]\times 102+0.20+\frac{\text{A(X)}}{3600\times\dfrac{3.142}{4}}\left(\frac{1}{0.033^2}-\frac{1}{0.05^2}\right) \tag{3-9}$$

所以将 E（Y）列作为存在扬程 H 的列，将由原始数据计算得到的扬程 H 数据显示在 E（Y）列，上接（1）的操作步骤，在“Set Column Values”的窗口界面下，在“Col（E）=”下面的框内输入：“(Col(B)+Col(C))*102+0.20+Col(A)/3600/(3.142/4)*

(1 / 0.033^2 –1 / 0.05^2) ”，如图 3-27 所示，点击“OK”，则由上述公式计算得到的扬程数据显示在 E（Y）列的第 1 行至第 12 行中。

（3）设置 E（Y）列的显示格式。双击列表 E（Y）或者选中列表 E（Y）后点击鼠标右键，在快捷菜单中选择“Properties”命令，打开“Worksheet Column Format”的对话窗口。在该对话窗口中，在“Colum Name”中显示列的名称；在“Column Label”中添加列标；将列指定为 X、Y、Z、Error、Label 等；可以设置数据显示的类型和格式、列宽等。

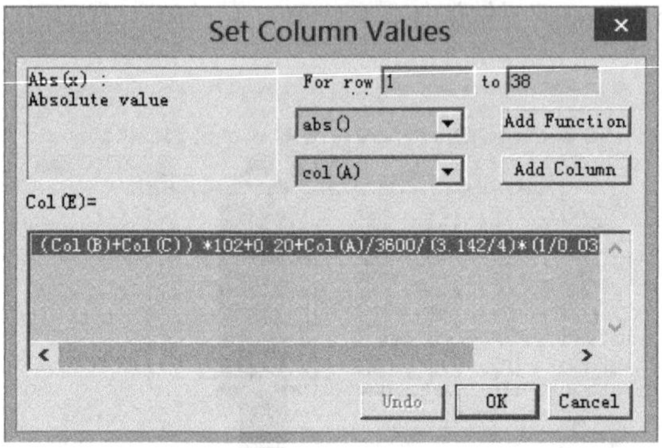

图 3-27　输入扬程 *H* 的计算公式

默认“Column Name”为“E”；在“Plot Designation”中选择默认的“Y”；“Format”中提供了 7 种列的类型，包括 Text & Numeric、Numeric、Text、Time、Date、Month 和 Day of Week，选择 Origin 默认的“Text&Numeric”类型；选择列的类型后，可以在“Display”中选择数据显示的相应选项，如对常用的数值类型可以设置为小数“Decimal：1000”、科学记数“Scientific：1E3”或者工程记数“Engineering：1K”等，在示例中选择“Decimal：1000”；在其下一行出现的“Numeric Display”中选择默认的“3”，默认“Column Width”为“8”，设置“Column Label”为“*H*/m”，如图 3-28 所示，点击“OK”，则 E（Y）的数据改变了显示的格式。

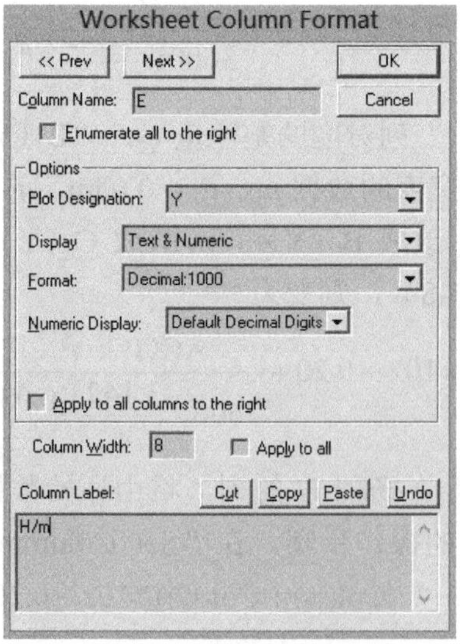

图 3-28　E（Y）列数据显示格式的设置

（4）计算离心泵的轴功率 N。将 F（Y）列作为存放轴功率的列。因为轴功率 N 的计算公式为

$$N = \sqrt{3} \times \eta_1 \times \eta_2 \times N' / 1000$$

式中：η_1 为传动效率，取 0.98；η_2 为电机效率，取 0.51。

D（Y）列是存放功率 N' 的数据列，所以上式改为

$$N = \sqrt{3} \times 0.98 \times 0.51 \times \mathrm{D(Y)} / 1000 \tag{3-10}$$

在“Set Column Values”的窗口界面下，在“Col（F）=”下面的框内输入：“1.732*0.98*0.51*Col（D）/1000”，点击“确定”，F（Y）列显示轴功率 N 的计算结果，如图 3-29 所示。

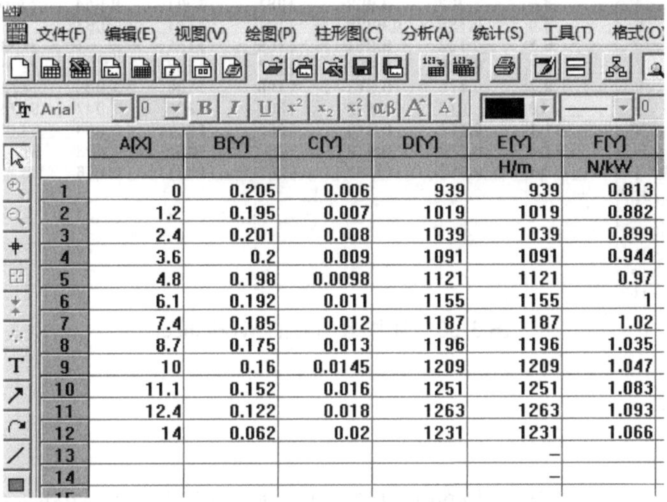

	A(X)	B(Y)	C(Y)	D(Y)	E(Y) H/m	F(Y) N/kW
1	0	0.205	0.006	939	939	0.813
2	1.2	0.195	0.007	1019	1019	0.882
3	2.4	0.201	0.008	1039	1039	0.899
4	3.6	0.2	0.009	1091	1091	0.944
5	4.8	0.198	0.0098	1121	1121	0.97
6	6.1	0.192	0.011	1155	1155	1
7	7.4	0.185	0.012	1187	1187	1.02
8	8.7	0.175	0.013	1196	1196	1.035
9	10	0.16	0.0145	1209	1209	1.047
10	11.1	0.152	0.016	1251	1251	1.083
11	12.4	0.122	0.018	1263	1263	1.093
12	14	0.062	0.02	1231	1231	1.066
13					-	
14					-	

图 3-29　计算轴功率后的 Worksheet

（5）计算离心泵的效率。将 G（Y）列作为存放效率的列，效率 η 的计算公式为

$$\eta = \frac{N_e}{N} \times 100\% \tag{3-11}$$

其中

$$N_e = \frac{Q \times H \times \rho \times g}{3600 \times 1000} \tag{3-12}$$

将式（3-12）代入式（3-11），得

$$\eta = \frac{Q \times H \times \rho \times g}{3600 \times 1000 \times N} \times 100\% \tag{3-13}$$

因为 A（X）列存放流量 Q 的数据，E（Y）列存放扬程 H 的数据，F（Y）列存放轴功率 N 的数据，密度 ρ 取 999.1736kg/m^3，g 取 9. 81m/s^2，所以可以将式（3-13）改为

$$\eta = \frac{\mathrm{A(X)} \times \mathrm{E(Y)} \times 999.1736 \times 9.81}{3600 \times 1000 \times \mathrm{F(Y)}} \times 100\%$$

参照（2）、（3）中的操作步骤，在“Set Column Values”的窗口界面下，在“Col（F）

=”下面的框内输入：“Col(A)*Col(E)*999.1736*9.81*100/3600/1000/Col(F)”，点击“确定”，在 G（Y）列显示效率 η 的计算结果。在“Worksheet Column Format”的对话窗口中设置 G（Y）列的显示格式，过程与（3）类似，设置参数也基本相同，将“Column Label”改为“η / %”，点击“OK”后得到的 Worksheet 如图 3-30 所示。

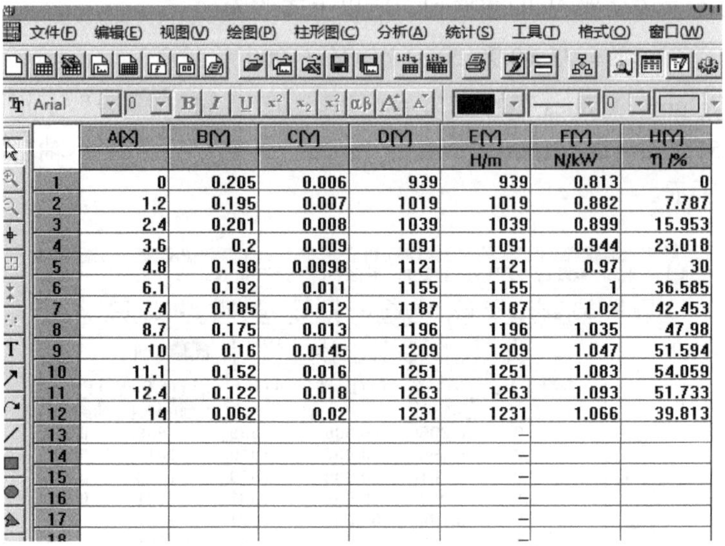

	A(X)	B(Y)	C(Y)	D(Y)	E(Y) H/m	F(Y) N/kW	H(Y) η/%
1	0	0.205	0.006	939	939	0.813	0
2	1.2	0.195	0.007	1019	1019	0.882	7.787
3	2.4	0.201	0.008	1039	1039	0.899	15.953
4	3.6	0.2	0.009	1091	1091	0.944	23.018
5	4.8	0.198	0.0098	1121	1121	0.97	30
6	6.1	0.192	0.011	1155	1155	1	36.585
7	7.4	0.185	0.012	1187	1187	1.02	42.453
8	8.7	0.175	0.013	1196	1196	1.035	47.98
9	10	0.16	0.0145	1209	1209	1.047	51.594
10	11.1	0.152	0.016	1251	1251	1.083	54.059
11	12.4	0.122	0.018	1263	1263	1.093	51.733
12	14	0.062	0.02	1231	1231	1.066	39.813

图 3-30　计算效率后的 Worksheet

3.5.5　数据绘图

Origin 具有强大的基于模板的数据绘图功能。通过“Worksheet”中的数据绘图与其中的数据保持相关，当改变工作表格中的数据时，数据图也作相应变化。为了学习和熟悉 Origin 绘图的操作，仍然以离心泵特性曲线的测定实验为例，简单介绍 Origin 的绘图步骤。

（1）在示例中要绘制离心泵的 3 条特性曲线，从实验数据的区间范围来看，扬程、轴功率和效率的数据范围各不相同，如果这 3 条曲线同时绘制在同一幅图上，并且用同一个坐标轴来显示，由于轴功率的数据为 0.8～1.2，相对于扬程和效率的数据区间，几乎不能显示其变化趋势的细节，所以拟采用绘制多层图形的方法来完成。

（2）选中 Data1 的 Worksheet，拟对离心泵的效率和流量进行绘图。按住“Ctrl”键，用鼠标点击 Worksheet 的 A（X）和 H（Y）列，点击工具栏中的“Plot”，打开其下拉菜单，在其中点选“Scatter”，如图 3-31 所示，则 Origin 自动形成名称为 Graph1 的 graph 文件，得到的图形如图 3-32 所示。在 Graph 的左下角出现代表图层的数字“1”。

（3）在初步绘得曲线 η-Q 的基础上，增加新的图层 Layer，将 H-Q 曲线绘制在该图层上。具体操作如下：点击菜单栏的“Edit”，打开其下拉菜单，将鼠标移至“New Layer（Axes）”，展开其下拉菜单，根据实验数据的范围，拟使 H-Q 曲线与 η-Q 曲线共同使用同一横坐标轴和纵坐标轴范围，所以点击“（Normal）：Bottom X+ Left Y”，如图

3-33 所示，则在 Graph 的左上角出现代表图层的数字“2”。

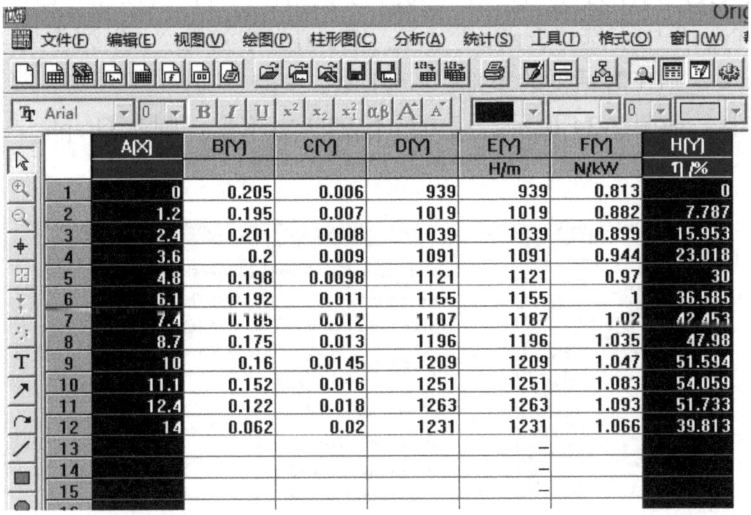

	A(X)	B(Y)	C(Y)	D(Y)	E(Y)	F(Y)	H(Y)
					H/m	N/kW	η /%
1	0	0.205	0.006	939	939	0.813	0
2	1.2	0.195	0.007	1019	1019	0.882	7.787
3	2.4	0.201	0.008	1039	1039	0.899	15.953
4	3.6	0.2	0.009	1091	1091	0.944	23.018
5	4.8	0.198	0.0098	1121	1121	0.97	30
6	6.1	0.192	0.011	1155	1155	1	36.585
7	7.4	0.185	0.012	1107	1187	1.02	42.453
8	8.7	0.175	0.013	1196	1196	1.035	47.98
9	10	0.16	0.0145	1209	1209	1.047	51.594
10	11.1	0.152	0.016	1251	1251	1.083	54.059
11	12.4	0.122	0.018	1263	1263	1.093	51.733
12	14	0.062	0.02	1231	1231	1.066	39.813
13					–		
14					–		
15					–		

图 3-31　选择 Plot 的类型 Scatter

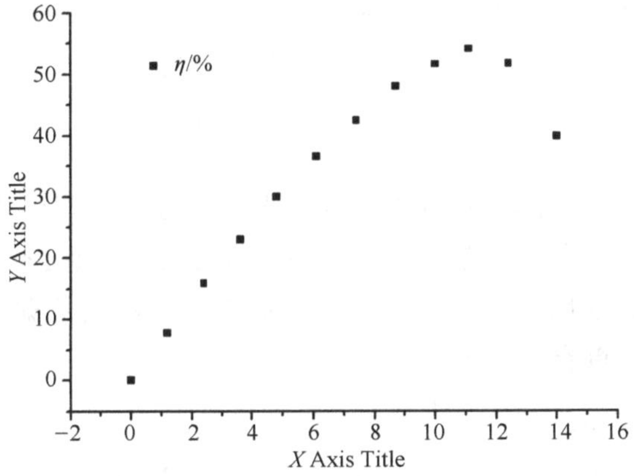

图 3-32　第一层初步绘得的 η-Q 曲线

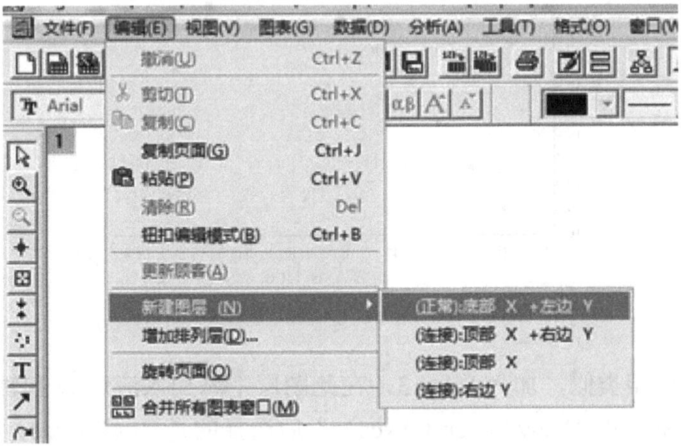

图 3-33　加入第 2 个图层

具体操作步骤：双击“2”，打开“Plot Setup：Configure Data Plots in Layer”的对话框。因为 A（X）列作为 X，B（Y）列的 H 数据作为 Y，所以在对话框中进行如下设置：在“Plot Type”中点选“Scatter”，在“Data1”中勾选“A”列作为 X，“E”作为 Y，点击“Add”，则在对话框的下部“Plot List”中的“Layer2”下方，显示图层 2 中的曲线的数据内容，如图 3-34 所示。点击最下方的“OK”，则在 Graph 中显示出第 2 条曲线 H-Q。

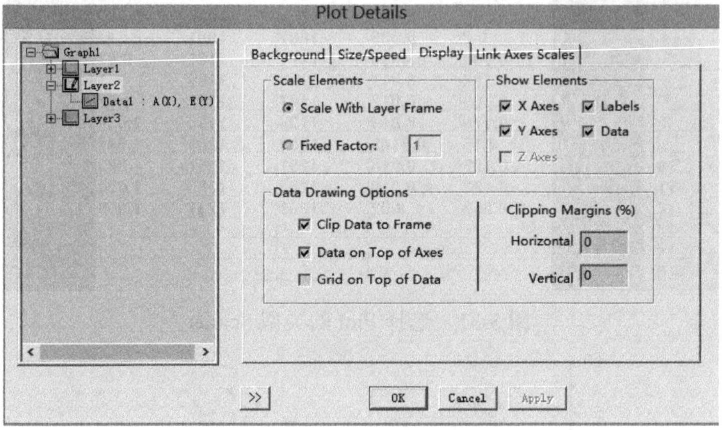

图 3-34　图层 2 的特性编辑

在得到的图形中，没有 H-Q 曲线的图例，要在 Graph 中显示出来，则点击菜单栏的“Graph”，打开其下拉菜单，在其中点选“New Legend”，则 Layer2 中曲线的图例显示在 Graph 中了，如图 3-35 所示。因为图中效率 η 与扬程 H 的数据范围不同，所以在左侧的 Y 轴的刻度标识有点重叠。

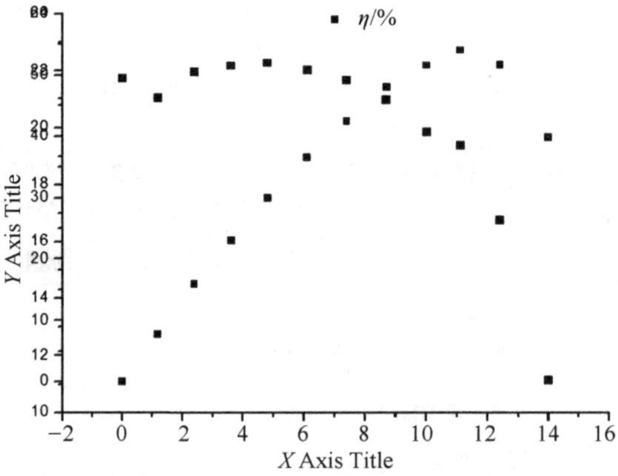

图 3-35　加入 H-Q 曲线后的 Graph

与上面的操作相类似，加入 Layer3，在此图层中添加入流量 Q 和轴功率 N 的数据。略有不同的是，在点开“New Layer（Axes）”后选择的是“（Linked）Right Y”。在接下来的操作中，仍然选择流量 Q 作为 X 值，轴功率 N 的数据作为 Y 值，并设置显示 Layer 3 的图例，结果如图 3-36 所示。

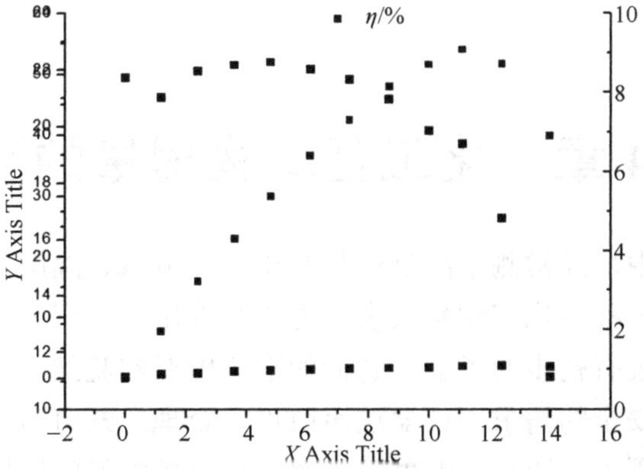

图 3-36　加入 N-Q 曲线后的 Graph

对曲线图标的修改设置及坐标轴的设置可参考相关文献。

第 4 章　化工基本物理量的测量

在化工原理实验中，经常测量的物理量有压力、流量、温度、功率和折射率等。用来测量这些参数的仪表称为化工测量仪表。无论是选用、购买或自行设计，要做到使用合理，必须对测量仪表有初步的了解，它们的准确度对实验结果影响最大，而且仪表的选用必须符合工作和安全的需求。仪器选用或设计合理，既可节省投资，还能获得满意的测量结果。本章对压力、流量、温度、功率和折射率测量时所用仪表的原理、特性及安装应用等作简要的介绍。

4.1　压力的测量

垂直作用于单位面积上的力称为压强，习惯称为压力。在化工生产和科学实验中，过程的操作压力是一个非常重要的参数。常用测量压力的仪表很多，按其工作原理大致可分为液柱式压差计、弹簧式压力计、电气式压力计和活塞式压力计四大类。现将化工原理实验中常见的压力计作一简要的介绍。

4.1.1　液柱式压差计

液柱测压法是以流体静力学为基础的，液柱所用液体种类很多，单纯物质或液体混合物均可，但所用液体与被测介质接触处必须有一个清晰而稳定的分界面，以便准确读数。常用的工作液体有水、汞、乙醇和煤油等。液柱式压差计包括 U 形管压差计、倒 U 形管压差计、单管式压差计、斜管式压差计和双液体微差压差计等，是最早用来测量压力的仪表。由于其结构简单、使用方便、价格便宜、在一定条件下精度较高，所以目前还被广泛应用。但是，由于它不能测量较高压力，也不能进行自动指示和记录，所以应用范围受到限制，一般只用于实验室低压的精密测量和仪表的校验。常用液柱式压差计的结构如图 4-1 所示。

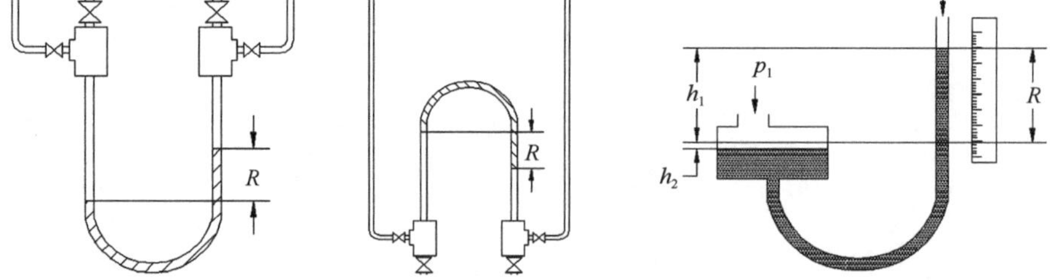

(a) U形管压差计　　(b) 倒U形管压差计　　(c) 单管式压差计

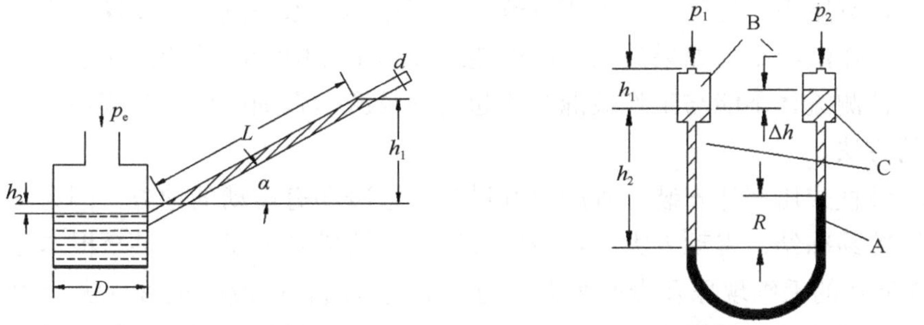

(d) 斜管式压差计　　(e) 双液体微差压差计

图 4-1　常用液柱式压差计的结构

1. U 形管压差计

压力差为

$$\Delta p = p_1 - p_2 = (\rho_i - \rho) gR \quad (4\text{-}1)$$

式中：ρ_i 为指示液的密度，kg/m^3；ρ 为被测流体的密度，kg/m^3；R 为两边指示液高度差，m；以下公式相同符号含义相同。

2. 倒 U 形管压差计

压力差为

$$\Delta p = p_1 - p_2 = \rho gR \quad (4\text{-}2)$$

以待测液作指示液，倒 U 形管顶部为空气，用于测量较小的压差。

3. 单管式压差计和斜管式压差计

对于单管：

$$p_{表} = \rho_i gR \quad (4\text{-}3)$$

对于斜管：

$$p_{表} = \rho_i gL\sin\alpha \quad (4\text{-}4)$$

4. 双液体微差压差计

压力差为

$$\Delta p = p_1 - p_2 = (\rho_A - \rho_C) gR$$

式中：ρ_A 为指示液 A 的密度，kg/m^3；ρ_C 为指示液 C 的密度，kg/m^3。

5. 使用液柱式压差计的注意事项

由于液柱式压差计存在耐压性差、结构不牢固、容易破碎、测量范围小、示值与工作液体密度有关等缺点，所以在使用中必须注意以下几点。

（1）被测压力不能超过仪表测量范围。若被测对象突然增压或操作不当造成压力骤升，会将工作液冲走。如果是汞，还可能造成污染和中毒，要特别注意！

（2）被测流体不能与工作液混合或起化学反应，否则应更换为其他工作液或采取加隔离液的方法。

（3）液柱式压差计安装位置应避开过热、过冷和有震动的地方。因为工作液过热易蒸发，过冷易冻结，震动太大会把玻璃管震破，造成测量误差，甚至根本无法指示。

（4）液体的毛细现象及表面张力作用会引起玻璃管内液面呈弯月状，读取压力值时，观察水（或其他对管壁浸润的工作液）时应看凹面最低处；观察水银（或其他对管壁不浸润的工作液）时应看凸面最高点。

（5）需要水平放置的仪表，测量前应将仪表放平，再校正零点。

（6）对于工作液为水（或其他透明液体）时，可在水中加入一点红墨水或其他颜色液体，以便观察读数。

（7）在使用过程中要保持测量管和刻度标尺的清晰，定期更换工作液。

4.1.2 弹簧式压力计

弹簧式压力计是利用弹性元件受压后产生弹性变形的原理而制成的测压仪表。这种仪表结构简单、牢固可靠、使用方便、读数清晰、价格低廉、测量范围广、精确度高。常用的弹性元件有薄膜式、波纹管式、弹簧管式等，其中弹簧管压力计使用最广泛。

1. 弹簧管压力计

弹簧管压力计的结构如图 4-2 所示，被测压力由接头通入，迫使弹簧管的自由端 B 向右上方扩张。自由端 B 的弹性变形位移由拉杆使扇形齿轮作逆时针偏转，于是指针通过同轴的中心齿轮的带动而作顺时针偏转，从而在面板的刻度标尺上显示出被测压力值。

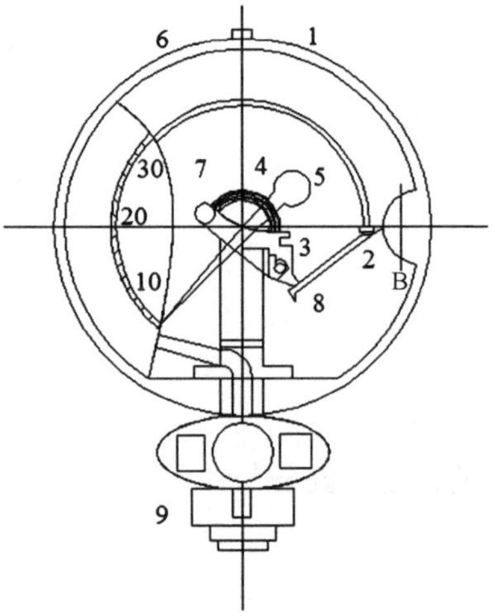

图 4-2 弹簧管压力计

1. 弹簧管；2. 拉杆；3. 扇形齿轮；4. 中心齿轮；5. 指针；6. 面板；7. 游丝；8. 调整螺丝；9. 接头

游丝的一端与中心齿轮轴固定，另一端在支架上，借助游丝的弹力使中心齿轮与扇形齿轮始终只有一侧啮合面啮合，这样可以消除扇形齿轮与中心齿轮之间固有啮合间隙而产生的测量误差。

扇形齿轮与拉杆相连的一端有开口槽，改变拉杆和扇形齿轮的连接位置，可以改变传动机构。

2. 使用弹簧管压力计的注意事项

为了确保弹簧管压力计测量的正确性和能够长期使用，仪表安装与维护是十分重要的，在使用时应注意下列各项规定。

（1）仪表应在正常允许的压力范围内使用，一般压力不应超过测量上限的 70%，在压力波动时，不应超过测量上限的 60%。工业用压力表应在环境温度–40～60℃、相对湿度不大于 80%的条件下使用。

（2）仪表安装处与测压点间的距离应尽量短，以免指示迟缓。而且仪表的安装高度应与测压点相同或相近，否则将产生液柱附加压力误差，必要时需加修正值。

（3）在震动情况下使用仪表时要装减震装置；测量结晶或黏度大的介质时要加装隔离器，仪表必须垂直安装，无泄漏现象，取压口到压力表之间应装有切断阀，以备检修压力表时使用。

（4）测量爆炸、腐蚀、有毒气体的压力时，应使用特殊的仪表，如氧气压力表，严禁接触油类，以免发生爆炸。

（5）仪表必须定期校验，合格的仪表才能使用。

4.1.3　压力（压差）的电测方法

压力或压差除用前面介绍的测量方法外，还常用电信号测量。电信号便于用在远传、数据采集和计算机控制等方面。

压力的测量是利用变送器（传感器）将待测的非电量转变成电量，然后对该电量进行直接测量或做进一步的加工处理。电动压差变送器是一种最常用的压力变送器，具有反应速率快和传送距离远的特点，可用于连续测量压差、液位、分界面等工艺参数。电动压差变送器以电为能源，将被测压差 Δp 的变化转化成直流电流（0～10 mA）的统一标准信号，送往调节器或显示仪表进行调节、指示和记录。电动压差变送器与节流装置配合可连续测量液体、蒸气和气体的流量。

4.2　流量的测量

流量是控制生产过程达到高产优质、安全生产及进行经济核算所必需的重要参数。在具有流动介质的工艺流程中，物料的输送和配比、生产过程中物质和能量的平衡等都与流量有着密切的关系，工业生产的自动化和优化控制更离不开流量的测量和控制。目前测量流量的仪表大致可分为三类，即速度式、体积式和质量流量式。

速度式测量方法是以直接测量管道内流体的流速作为流量测量的依据。属于速度式测量流量的仪表种类繁多，实验室常用的有测速管、孔板流量计、文丘里流量计、转子流量计、涡轮流量计等。

4.2.1　测速管

1. 测速管的结构及工作原理

测速管又称皮托管，由两根弯成直角的同心套管组成，内管管口正对着管中流体流动的方向，外管管口是封闭的，在管外前端壁面四周开有若干测压小孔。为了减小误差，测速管的前端经常做成半球形以减少涡流。测速管的内管与外管分别与 U 形管压差计相连（图 4-3）。

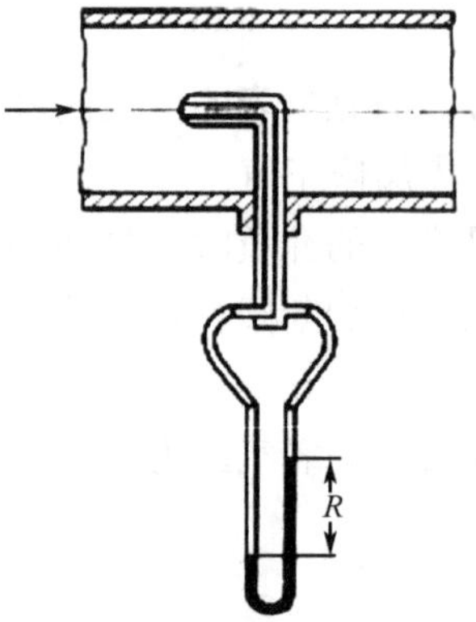

图 4-3　测速管的结构

测速管测得的是流体在管截面某处的点速度，因此利用测速管可以测得流体在管内的速度分布。若要获得流量，可对速度分布曲线进行积分。也可以利用测速管中心的最大流速 u_{max}，查取最大速度与平均速度的关系，求出管截面的平均速度，进而计算出流量，此法较常用。

2. 测速管的安装

（1）测速管必须保证测量点位于均匀流段，一般要求测量点上、下游的直管长度最好大于 50 倍管内径，至少也应大于 8～12 倍。

（2）测速管管口截面必须垂直于流体流动方向，任何偏离都将导致负偏差。

（3）测速管的外径 d_o 不应超过管内径 d 的 1/50，即 $d_o < d/50$。

（4）测速管对流体的阻力较小，适用于测量大直径管道中清洁气体的流速。若流体中含有固体杂质，易将测压孔堵塞，故不宜采用。此外，测速管的压差读数较小，通常需要放大或用微差压差计。

4.2.2　孔板流量计

1. 孔板流量计的结构及工作原理

孔板流量计是利用流体流经节流元件产生的压力差来实现流量测量的。孔板流量计的节流元件为孔板，即中央开有圆孔的金属板，将孔板垂直安装在管道中，以一定的取压方式测取孔板前后两端的压差，并与压差计相连，即构成孔板流量计（图 4-4）。

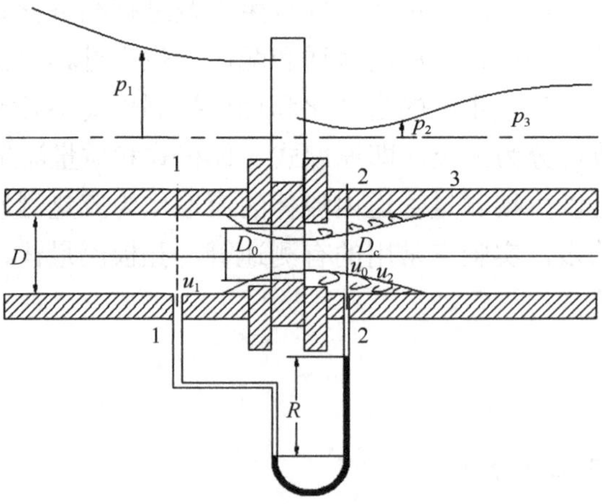

图 4-4　孔板流量计的结构

流体在管道截面 1 前，以一定的流速 u_1 流动，因后面有节流元件，当到达截面 1 时，流体开始收缩，流速即增加。由于惯性的作用，流束的最小截面积并不在孔口处，而是经过孔板后仍继续收缩，到截面 2 达到最小，流速达到最大，该处称为缩脉。随后流束又逐渐扩大，慢慢恢复到原有管截面，流速也降到原来的数值。

流体在缩脉处，流速最高，即动能最大，而相应压力就最低。因此，当流体以一定流量流经小孔时，在孔前后就产生一定的压差。流量越大，压差也就越大，所以利用测量压差的方法就可以测量流量。

孔板流量计的流量与压差（用倒 U 形管压差计测量）的关系可由连续性方程和伯努利方程推导得到：

$$V_s = C_0 A_0 \sqrt{\frac{2gR(\rho - \rho_i)}{\rho}} \tag{4-5}$$

式中：V_s 为被测流体的体积流量，m^3/s；C_0 为孔板流量计的孔流系数；A_0 为孔的横截面积，m^2。

由式（4-5）可知，当 C_0 为常数时，$V_s \propto \sqrt{R}$ 或 $R \propto V_s^2$，表明 U 形管压差计的读数 R 与流量的平方成正比，即流量的少量变化将导致读数 R 有较大变化，因此测量的灵敏度较高。此外，由式（4-5）也可以看出，孔板流量计的测量范围受 U 形管压差计量程的限制，同时考虑到孔板流量计的能量损失随流量的增大而迅速增加，故孔板流量计不适用于测量流量范围较大的场合。

2. 孔板流量计的安装与优缺点

安装孔板流量计时，上、下游需要有一段内径不变的直管作为稳定段，上游长度至少为管径的 10 倍，下游长度为管径的 5 倍。

孔板流量计结构简单，制造与安装都方便；其主要缺点是能量损失较大。这主要是由于流体流经孔板时，截面的突然缩小与扩大形成大量涡流。如前所述，虽然流体经管口后某一位置流速已恢复与孔板前相同，但静压力却不能恢复，产生了永久压降，即压降随面积比 A_0/A_1 的减小而增大。同时孔口直径减小时，孔速提高，读数 R 增大。因此，在设计孔板流量计时，应选择适当的面积比 A_0/A_1，以期兼顾 U 形管压差计适宜的读数和允许的压降。

4.2.3　文丘里流量计

孔板流量计的主要缺点是能量损失较大，其原因在于孔板前后的流通截面突然扩大。若用一段渐缩、渐扩管代替孔板，所构成的流量计称为文丘里流量计或文氏流量计。当流体经过文丘里管时，由于其均匀收缩和逐渐扩大，流速变化平缓，涡流较少，故能量损失比孔板大大减少（图 4-5）。

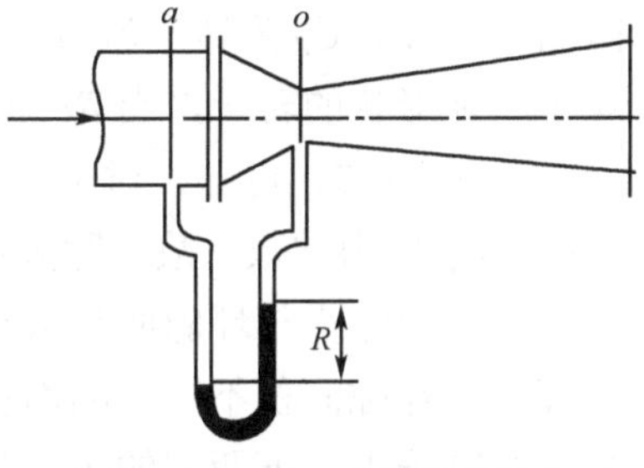

图 4-5　文丘里流量计的结构

文丘里流量计的测量原理与孔板流量计相同，其流量计算公式也与孔板流量计相似，即

$$V_s = C_V A_0 \sqrt{\frac{2gR(\rho_{} - \rho_i)}{\rho}} \tag{4-6}$$

式中：C_V 为文丘里流量计的流量系数（0. 98～0. 99）；A_0 为喉管处截面积，m^2。

由于文丘里流量计的能量损失较小，其流量系数较孔板大，因此压差计读数同为 R 时，流量比孔板流量计大。文丘里流量计的缺点是加工较难，因而造价高，安装时需占一定管长。

4.2.4　转子流量计

1. 转子流量计的结构及工作原理

转子流量计由一段上粗下细的锥形玻璃管（锥角约为 4°）和管内一个密度大于被测流体的固体转子（或称浮子）构成（图 4-6）。流体自玻璃管流入，经过转子和管壁之间的环隙，再从顶部流出。

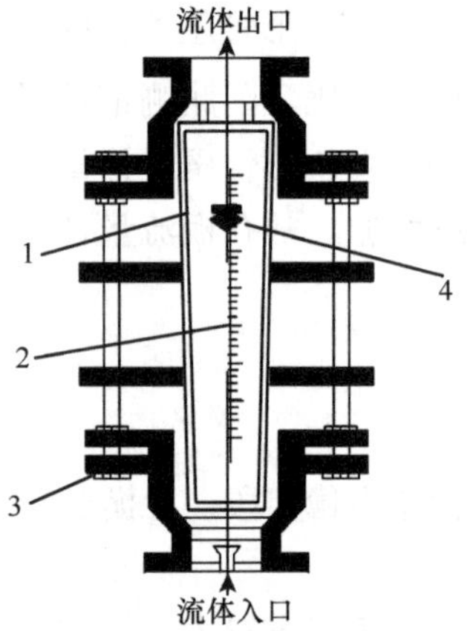

图 4-6　转子流量计的结构

1. 锥形玻璃管；2. 刻度；3. 突缘填涵盖板；4. 转子

管中无流体通过时，转子沉在管底部。当被测流体以一定流速流经转子与管壁之间的环隙时，由于流道截面减小，流速增大，压力随之降低，于是在转子上、下端面形成压差，将转子托起，使转子上浮。随着转子的上浮，环隙面积逐渐增大，流速减小，压力增加，从而使转子两端的压差降低。当转子上浮至一定高度，转子两端面压差造成的升力恰好等于转子的净重力时，转子不再上升，而悬浮在该高度。转子流量计玻璃管外表面上刻有流量值，根据转子平衡时其最大截面所处的位置，即可读取相应的流量。

转子流量计的流量方程可根据转子受力平衡和伯努利方程推导得到：

$$V_s = C_R A_R \sqrt{\frac{2V_f(\rho_f - \rho)}{\rho}} \tag{4-7}$$

式中：V_f 为转子的体积，m^3；ρ_f 为转子材料的密度，kg/m^3；A_R 为转子最大横截面处环隙面积，m^2；C_R 为转子流量计的流量系数，C_R 与转子的形状和流体流动时的 Re 有关。对于一定形状的转子，当 Re 达到一定值后，C_R 为常数。

由式（4-7）可知，对于一定的转子和被测流体，V_f、A_R、ρ_f、ρ 均为常数，当 Re 较大时，C_R 也为常数，故环隙处的流速为一定值，即无论转子停在何处，其环隙流速总是恒定的。而流量与环隙面积成正比，由于玻璃管为下小上大的锥体，当转子停留在不同高度时，环隙面积不同，因而流量不同。当流量变化时，转子所受的力平衡关系并未改变，即转子上、下两端的压差为常数，所以转子流量计的特点为恒压差、恒环隙流速而变流通面积，属于截面式流量计。与之相反，孔板流量计则是恒流通面积而压差随流量变化，为压差式流量计。

2. 转子流量计的刻度换算

转子流量计上的刻度是在出厂前用某种流体进行标定的。一般液体流量计用 20℃的水（密度为 1000kg/m^3）标定，而气体流量计则用 20℃和 101.3kPa 下的空气（密度为 1.2kg/m^3）标定。当被测流体与上述条件不符时，应进行刻度换算。

假定 C_R 相同，在同一刻度下，有

$$\frac{V_{s2}}{V_{s1}}=\sqrt{\frac{\rho_1(\rho_f-\rho_2)}{\rho_2(\rho_f-\rho_1)}} \tag{4-8}$$

式中：下标 1 表示标定流体的参数；下标 2 表示实际被测流体的参数。

对于气体转子流量计，由于转子材料的密度远大于气体密度，故式（4-8）可简化为

$$\frac{V_{s2}}{V_{s1}}=\sqrt{\frac{\rho_1}{\rho_2}} \tag{4-9}$$

转子流量计读数方便，流动阻力很小，测量精度较高，对不同的流体适用性广。缺点是玻璃管不能经受高温和高压，在安装使用过程中容易破碎。

4.2.5 涡轮流量计

涡轮流量计具有测量精度高、反应快、耐压高等特点，因而在工业生产和实验中的应用日益广泛。

1. 涡轮流量计的结构及工作原理

涡轮流量计的结构如图 4-7 所示。将涡轮置于摩擦力很小的滚珠轴承中，内磁钢和感应线圈组成的磁电装置装在磁电感应转换器的壳体上，当流体流过变送器时，推动涡轮转动，并在磁电感应转换器感应出电脉冲信号，放大后送入显示仪表。流体流经变送器时，涡轮转动使导磁的叶片周期性地改变检测器中磁路的磁阻值，使通过感应线圈的

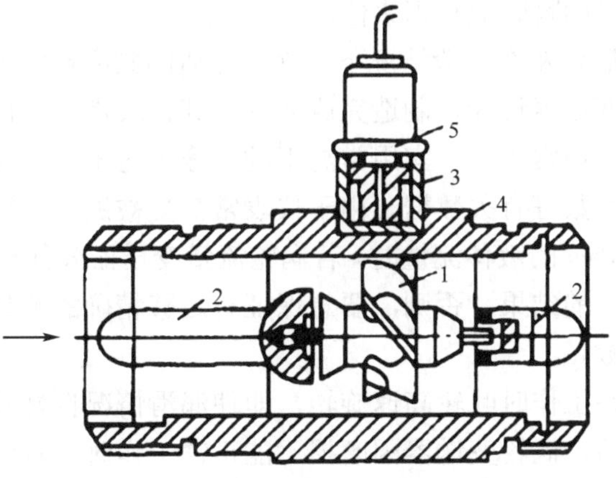

图 4-7　涡轮流量计的结构

1. 涡轮；2. 导流器；3. 磁电感应转换器；4. 外壳；5. 前置放大器

磁通量随之变化。这样，在感应线圈的两端即产生电脉冲信号。在一定的流量范围内，该电脉冲的频率 f 与流经变送器的介质的体积流量 V_s 成正比，即

$$f = KV_s \tag{4-10}$$

式中：K 为比例常数。

因此，显示仪表即可通过脉冲次数求得流体流过的瞬时流量及某段时间内的累积流量。

2. 涡轮流量计的特点

（1）精度高，可达 0.5 级以上，故可作为流量的准确计量仪表。

（2）反应迅速，适用于测量脉动流量。

（3）量程范围宽，刻度线性。

选购涡轮流量计的主要技术数据是：测量范围（最大流量、最小流量）、口径、压力。

3. 涡轮流量计的安装

（1）涡轮流量计应水平安装，管道中流体的流动方向应与变送器标牌上箭头的方向一致，进、出口处前后的直管段应不小于 15*d* 和 5*d*，调节流量的阀门应在后直管段 5*d* 以外处。

（2）为了避免流体中的杂质如颗粒、纤维、铁磁物等堵塞涡轮叶片和减少轴承磨损，安装时应在变送器前的直管段前部安装 20～60 目的过滤器，管径小的目数大，管径大的目数小。过滤器在使用一段时间后，根据具体情况定期拆下清洗。

（3）变送器应安装在不受外界电磁场影响的地方，否则应在变送器的磁电感应转换器上加设屏蔽罩。

（4）涡轮流量变送器与二次显示仪表都应有良好的接地，连接电缆应采用屏蔽电缆。

4. 涡轮流量计的使用与维护

（1）涡轮流量计变送器与显示仪表连接使用，通常采用数字式频率积算仪作为二次显示仪表，以测出流量的瞬时值和积累值。

（2）变送器比例常数 K 在一般情况下，除受介质的黏度影响外，几乎只与其几何参数有关。因此，一台变送器设计、制造完成之后，其仪表常数即已确定，而这个值要经过标定才能确切得出。通常生产厂家用常温下的洁净水对出厂涡轮变送器进行标定，并在校验单上给出仪表常数等有关数据。由于仪表常数受被测介质黏度变化的影响，因而测量黏度不大于 10^{-2} Pa·s 的液体流量时，若涡轮流量变送器公称直径 D_g>25mm，可直接使用生产厂家用水标定的结果。否则，要想保证有足够精确的测量结果，用户应用实际介质重新标定仪表常数。

（3）由于变送器在工作时叶轮高速旋转，即使润滑情况良好时也仍有磨损产生，因此在使用过一段时间后，涡轮变送器因磨损不能正常工作时，就应更换轴或轴承，并经重新标定后才能使用。

4.3　温度的测量

化工生产和科学实验中，温度是需要测量和控制的重要参数之一。测温仪表通常分为接触式与非接触式两大类，前者感温元件与被测介质直接接触，后者感温元件不与被测介质相接触，其分类如表 4-1 所示。

表 4-1　各种测温仪表的分类及使用温度

接触式：利用感温元件与待测物体或介质接触后，在足够长时间内达到热平衡、温度相等，从而实现对物体或介质温度的测定	热膨胀式温度计	液体膨胀式（–80～500℃）
		固体膨胀式（–80～600℃）
	压力表式温度计	充液体型（–50～500℃）
		充气体型（–100～500℃）
		充蒸气型（–20～300℃）
	热电偶	铂铑-铂（LB）热电偶（20～1400℃）
		镍铬-考铜（EA）热电偶（0～600℃）
		镍铬-镍硅（EU）热电偶（0～1200℃）
		铜-康铜（CK）热电偶（–100～370℃）
		特殊热电偶
	热电阻	铂热电阻（–260～630℃）
		铜热电阻（150℃以下）
		镍热电阻
		半导体热敏电阻（350℃以下）
非接触式：利用热辐射原理，测量仪表的感温元件不与被测物体或介质接触，常用于测量运动物体、热容量小或特高温度的场合	光学高温计（700～2000℃）	
	光电高温计	
	比色高温计	
	全辐射测温仪（100～2000℃）	

4.3.1　玻璃管温度计

1. 常用玻璃管温度计

特点：玻璃管温度计结构简单、价格便宜、读数方便，而且有较高的精度。

种类：实验室用得最多的是水银温度计和有机液体温度计。水银温度计测量范围广、刻度均匀、读数准确，但玻璃管破损后会造成汞污染。有机液体（如乙醇、苯等）温度计着色后读数明显，但由于膨胀系数随温度而变化，故刻度不均匀，读数误差较大。

2. 玻璃管温度计的安装和使用

（1）玻璃管温度计应安装在没有大的震动、不易受碰撞的设备上。特别是有机液体温度计，如果震动很大，容易使液柱中断。

（2）玻璃管温度计的感温泡中心应处于温度变化最敏感处。

（3）玻璃管温度计要安装在便于读数的场所。不能倒装，也尽量不要倾斜安装。

（4）为了减少读数误差，应在玻璃管温度计保护管中加入甘油、变压器油等，以排除空气等不良导体。

（5）水银温度计读数时按凸面最高点读数；有机液体温度计则按凹面最低点读数。

（6）为了准确地测定温度，用玻璃管温度计测定物体温度时，如果指示液柱没有全部插入欲测的物体中，会使测定值不准确，必要时需进行校正。

3. 玻璃管温度计的校正

玻璃管温度计的校正方法有以下两种。

1）与标准温度计在同一状况下比较

实验室内将被校验的玻璃管温度计与标准温度计插入恒温槽中，待恒温槽的温度稳定后，比较被校验温度计与标准温度计的示值。示值误差的校验应采用升温校验，因为有机液体对毛细管壁有附着力，在降温时，液柱下降会有部分液体停留在毛细管壁上，影响准确读数。水银温度计在降温时也会因摩擦发生滞后现象。

2）利用纯质相变点进行校正

（1）用水和冰的混合液校正 0℃。

（2）用水和水蒸气校正 100℃。

4.3.2 热电偶温度计

1. 热电偶测温原理

热电偶温度计是根据热电效应制成的一种测温元件，它结构简单，坚固耐用，使用方便，精度高，测量范围宽，便于远距离、多点、集中测量和自动控制，是应用很广泛的一种温度计。如果取两根不同材料的金属导线 A 和 B，将其两端焊在一起，就组成了一个闭合回路。两种不同金属的自由电子密度不同，当两种金属接触时，在两种金属的交界处因电子密度不同而产生电子扩散，结果在两金属接触面两侧形成静电场，即接触电势差。这种接触电势差仅与两金属的材料和接触点的温度有关，温度越高，金属中自由电子就越活跃，致使接触处所产生的电场强度增加，接触面电动势也相应增大，由此可制成热电偶温度计。

2. 常用热电偶的特性

几种常用的热电偶的特性数据见表 4-2，使用者可以根据表中列出的数据，选择合适的二次仪表，确定热电偶的使用温度范围。

表 4-2　常用热电偶的特性

名称	型号	分度号	100℃的热电势/mV	最高使用温度/℃	
				长期	短期
铂铑 10*-铂热电偶	WRLB	LB-3	0. 643	1300	1600
镍铬-考铜热电偶	WREA	EA -2	6. 95	600	800
镍铬-镍硅热电偶	WRN	EU -2	4. 095	900	1200
铜-康铜热电偶	WRCK	CK	4. 29	200	300

注：10*指含量为 10%。

3. 热电偶的校验

（1）对新焊好的热电偶需校对电势-温度是否符合标准，检查有无复制性，或进行单个标定。

（2）对所用热电偶定期进行校验，测出校正曲线，以便对高温氧化产生的误差进行校正。

4.3.3　热电阻温度计

热电阻温度计是一种用途极广的测温仪器，它具有测量精度高、性能稳定、灵敏度高、信号可以远距离传送和记录等特点。热电阻温度计包括金属丝电阻温度计和热敏电阻温度计两种。热电阻温度计的性质如表 4-3 所示。

表 4-3　热电阻温度计的性质

种类	使用温度范围/℃	温度系数/$℃^{-1}$
铂热电阻温度计	–260～630	+0.0039
镍热电阻温度计	<150	+0. 0062
铜热电阻温度计	<150	+0. 0043
热敏电阻温度计	<350	–0. 03～–0. 06

4.4　功率的测量

功率是指物体在单位时间内所做的功，即功率是表示物体做功快慢的物理量，其单位是瓦（W）。

常用电机和电器的功率等于电器两端的电压和流过的电流以及它们之间的相角余弦值的乘积。某些三相异步电动机采用的是三相电源，其功率的测量方法有以下两种：一种是逐一测出每相功率，然后分别相加，得到总功率；另一种是用三相功率表直接测量三相功率。在要求不高时，如测量三相四线制对称负载的三相功率时，可采用第一种方法。

化工原理实验中，经常要测定的是泵的轴功率，最常用的方法有以下两种。

（1）采用功率表测定电机的输入功率。

电机功率大于泵的轴功率，轴功率等于电机功率乘以机械效率。一般机械效率都在90%以上，简单的实验装置中，可以近似地将电机功率视为泵的轴功率。

（2）采用马达天平直接测量泵的轴功率。

该方法的基本原理是：在交流电机外壳（定子）的两端加装滚动轴承，使定子能自由转动。在外壳水平径向装有测功臂和平衡臂，平衡臂上的重锤位置可以移动，用于调整电机不带负荷时的平衡状态。平衡时测功臂水平，它的针尖正对准零；当电机带动水泵转动时，由于反作用力，外壳会反转，反向转矩的大小和正向转矩相同，此时若在秤盘上加入合适的砝码使测功臂重新指零，则砝码质量乘以测功臂长就是正向转矩。轴功率的计算公式为

$$N = \frac{2\pi \times 9.8}{60} mLn \tag{4-11}$$

式中：N 为泵的轴功率，W；m 为测功臂上砝码的质量，kg；L 为测功臂长，m；n 为电机转速，r/min。

4.5 折射率的测量

阿贝折光仪是一种能测定透明、半透明液体或固体的折射率 n_D 和平均色散 $n_F - n_C$ 的仪器（其中以测透明液体为主）。仪器上有连接恒温器的接口，接上恒温器可测定温度为 0～70℃的折射率 n_D。其 n_D 测量范围为 1.300～1.700，测量精度为 3×10^{-4}。该仪器使用比较简单，取得数据较快。化工原理实验中一般用阿贝折光仪测定二元混合液的折射率。

4.5.1 阿贝折光仪的工作原理和结构

阿贝折光仪的基本原理为折射定律，如图 4-8 所示。

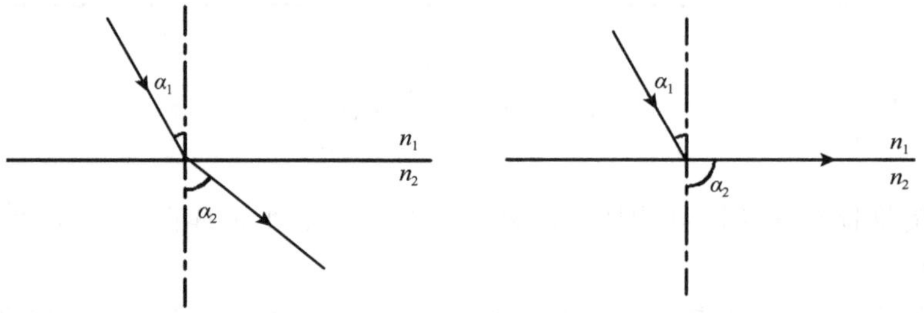

图 4-8 折射定律示意图

$$n_1\sin\alpha_1 = n_2\sin\alpha_2 \tag{4-12}$$

式中：n_1 和 n_2 分别为相界面两侧介质的折射率；α_1 和 α_2 分别为入射角和折射角。

若光线从光密介质进入光疏介质，入射角小于折射角，改变入射角可以使折射角达到 90°，此时的入射角称为临界角，本仪器测定折射率就是基于测定临界角的原理。如果用目镜观测光线，可以看到视场被分为明暗两部分（图 4-9），两者之间有明显的分

界线，明暗分界处即为临界角位置。

阿贝折光仪根据其读数方式大致可以分为单目镜式、双目镜式及数字式三类。虽然读数方式存在差异，但其原理及光学结构基本相同。单目镜式阿贝折光仪的结构如图 4-10 所示。

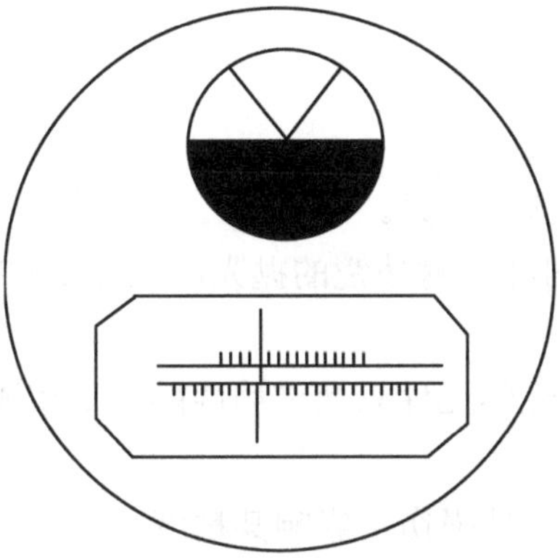

图 4-9　折光仪视场示意图

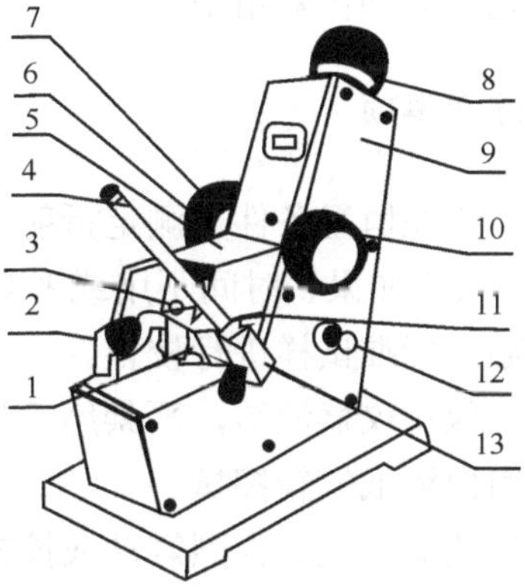

图 4-10　单目镜式阿贝折光仪的结构

1. 反射镜；2. 转轴；3. 遮光板；4. 温度计；5. 进光棱镜座；6. 色散调节手轮；7. 色散值刻度圈；8. 目镜；9. 盖板；10. 锁紧轮；11. 折射棱镜座；12. 聚光镜；13. 温度计座

4.5.2　阿贝折光仪的使用方法

1. 恒温

先将阿贝折光仪置于光线充足的位置，再将进光棱镜座和折射棱镜座上的恒温水进出口管接头与超级恒温槽用橡皮管连接好，然后将恒温水浴的温度自控装置调节到所需的测量温度。待水浴温度稳定 5min 后，即可使用。

2. 加样

打开进光棱镜，用少量乙醚或无水乙醇清洗镜面，用擦镜纸将镜面擦干，待镜面干燥后，将被测液体用干净滴管加在折射棱镜表面，并将进光棱镜盖上，用手轮旋转锁紧锁钮，使液层均匀充满视场。

3. 对光和调整

打开遮光板，合上反射镜，调节目镜视度，使十字线成像清晰，此时旋转手轮并在目镜视场中找到明暗分界线的位置，再旋转手轮使分界线不带任何彩色，微调手轮，使分界线位于十字线的中心，再适当转动聚光镜，此时目镜视场下方显示的示值即为被测液体的折射率。

4. 整理

测量结束时，先将恒温水浴的电源关掉，然后将棱镜表面擦干净。如果较长时间不用时，应将与恒温水浴相连接的橡皮管卸掉，并将棱镜恒温夹套中的水放干净，然后将阿贝折光仪放到仪器箱中。

4.5.3 注意事项

（1）应在恒温条件下测定折射率，否则将影响测试结果。

（2）仪器如果长时间不用或者测量有偏差时，可在折射棱镜的抛光面上加 1～2 滴溴萘，再贴上标准试样进行校正。

（3）保持仪器清洁，严禁用手接触光学元件，光学元件只允许用丙酮、二甲醚等清洗，并用擦镜纸轻轻擦拭。

（4）仪器应避免强烈震动或撞击，以防止光学元件损伤，影响其精度。

第 5 章　化工原理基础实验

实验一　雷 诺 实 验

一、实验目的

（1）建立滞流和湍流两种形态的感性认识。

（2）观察流体在管内流动时各种不同的流动形态，以及流体流动过程中不同流动类型的转变过程。

（3）观察滞流状态下管路中流体速度分布状态。

（4）测定流体流动形态与雷诺数 Re 之间的关系及临界雷诺数值。

（5）了解溢流装置的作用，正确判断定态流动。

（6）掌握转子流量计的工作原理及其流量的调节方法。

（7）初步掌握流动形态对化工过程的影响。

二、实验原理

研究流体流动形态对流动过程的影响，通常需要计算不同过程中的雷诺数。雷诺数的数值大小对化工过程速率的影响起着十分重要的作用。

对不同流体和不同管径进行大量实验，其结果表明，影响流体流动形态的因素有流体的流速 u、管径 d、黏度 μ 和密度 ρ 等。将上述四个因素归纳为一个特征数，称为雷诺数，用符号 Re 表示

$$Re = \frac{du\rho}{\mu} \tag{5-1}$$

式中，d 为圆管的内径，m；ρ 为流体的密度，kg/m^3；u 为流体的平均流速，m/s；μ 为流体的黏度，Pa · s。

化工原理中所涉及的准数共有 180 多个，雷诺数是其中之一，其特点是用因次分析的方法所得到的无因次量。如果将各物理量的因次代入式（5-1），则有

$$Re = \frac{L \cdot L\theta^{-1} \cdot ML^{-3}}{ML^{-1}\theta^{-1}} = L^0 \cdot M^0 \cdot \theta^0 \tag{5-2}$$

式中：L、M 和 θ 分别是长度、质量和时间的因次符号。

必须注意：

（1）雷诺数是因次为 1 的数群，是一个特征数，计算时公式中的各物理量必须采用统一的单位制。

（2）式中的物性参数是温度的函数，可以根据定性温度来确定，必要时要进行校正。

雷诺数可以作为流体流动形态的判据。大量的实验发现，流体在圆形直管中流动，一般情况下，当 $Re\leqslant 2000$ 时，流体的流动形态为滞流（充满管内的流体如同一层层平行于管壁的圆筒形薄层，各层以不同流速向前流动，这种流动状态称为滞流或层流）；当 $Re\geqslant 4000$ 时，流体的流动形态则为湍流（流体质点除了沿管轴方向向前流动外，还有径向的复杂运动，这种流动形态称为湍流或紊流）；而当 $2000<Re<4000$ 时，流体的流动形态处于一种过渡状态，可能是滞流，也可能是湍流，具体取决于流体流动的外部条件。通常情况下，管道的直径或流体流动方向的改变、外界的轻微扰动、气泡等都可能促成湍流的产生。因此，往往将过渡状态当作湍流来处理。

当流体流动形态发生转变时的雷诺数称为临界雷诺数，用符号 Re_c 表示。由层流转变为过渡流时的雷诺数称为下临界雷诺数 Re_{c1}，其值为 2000；由湍流转变为过渡流时的雷诺数称为上临界雷诺数 Re_{c2}，其值为 4000。

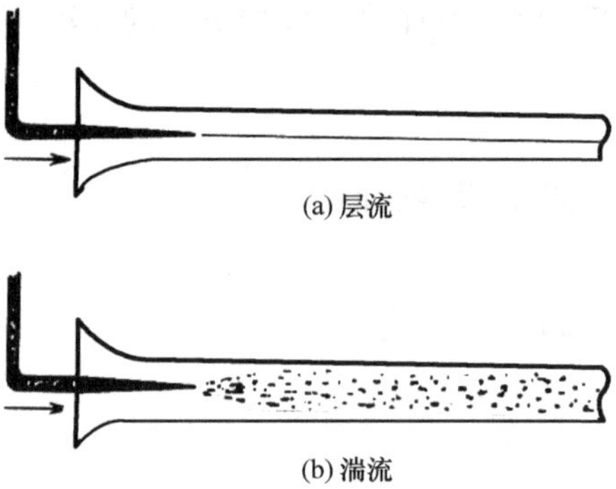

图 5-1　流体流动形态示意图

显然，对于一定温度的流体，在特定的管路中流动，雷诺数仅与流速有关。本实验通过改变流体在管内的流速，观察红墨水指示线变化情况，从而观察各种不同的流体流动形态。

流体流动形态示意图如图 5-1 所示。

本实验流体是清水，保持水在一定直径的玻璃管中作定态流动，此时 d、ρ、μ 均保持不变。通过调节水的流量即可改变 Re，结合观察到的流体流动形态就可以确定临界雷诺数 Re_c。

三、实验装置及流程

实验装置如图 5-2 所示，图中水箱中的水由自来水管供给，实验时水由水箱进入玻璃管（玻璃管用来观察流体流动形态和滞流时流体速度分布）。水的流量由出口阀门调节，水箱上有进水稳流装置和溢流装置，用于维持平衡而又恒定的液面，确保流体是定态流动，多余的水由溢流装置排入下水道。

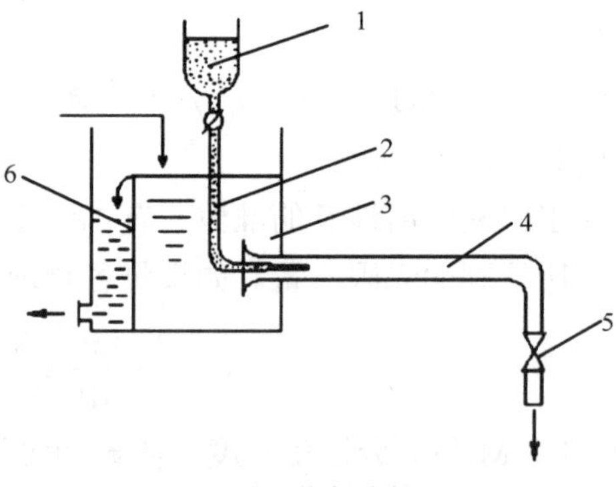

图 5-2　雷诺实验装置图

1. 红墨水瓶；2. 细管；3. 水箱；4. 水平玻璃管；5. 出口阀门；6. 溢流装置

由于用清水无法直接观察到液体流动形态，所以用红墨水代替清水进行实验，则可直接观察到流体质点的运动情况及流动形态。红墨水由红墨水阀控制，流经乳胶管、紫铜管，最后从红墨水针流出。实验时，为了获得良好的观测效果，应仔细调节红墨水注入的速度，使其与管内水的流速保持一致。另外，红墨水针务必位于玻璃管的中心，并且与中心线平行。

四、实验步骤

1. 流体流动形态

（1）打开进水阀，向水箱加水至满，并保持溢流。当水箱快要充满水时，应放慢进水速度，避免水剧烈波动而影响实验结果。

（2）调节流量调节阀和红墨水阀，初步估计由滞流到湍流之间的流量范围。

（3）稍微开启转子流量计的调节阀，将流量调至稳定的层流流动形态。打开红墨水瓶的旋塞，进行精细调节，使红墨水的注入流速与实验玻璃管内的主体流速相适应，以稍低于主体流速为宜。精细调节直到观察到玻璃管内一条平直的红色细流为止。

（4）缓慢增大调节阀的开度，使水通过玻璃管的流速平稳逐步增大，直到玻璃管内直线流动的红色细流开始发生波动时，记下水的流量和温度。

（5）继续缓慢增大调节阀的开度，使水的流量平稳增大，这时玻璃管内水的流速也随之增大，流体的流动形态由层流向湍流转变。当流量增大到某一值，红墨水进入玻璃管便立即被分散呈雾状，并被混合，说明流动形态已进入湍流区域，记下此时的流量和温度，用来计算临界雷诺数 Re_c。

2. 流体在圆管内滞流时的流速分布

（1）打开进水阀，使自来水充满水箱，并保持溢流。

（2）关闭流量调节阀，使玻璃管中的水处于静止状态，打开红墨水调节阀，在玻璃管内积存一定量（2～3cm）的红墨水。然后停止加红墨水，打开流量调节阀使水保持滞流流动，这时可以看见被染色的水质点速度分布状况呈抛物线形，如图 5-3 所示。

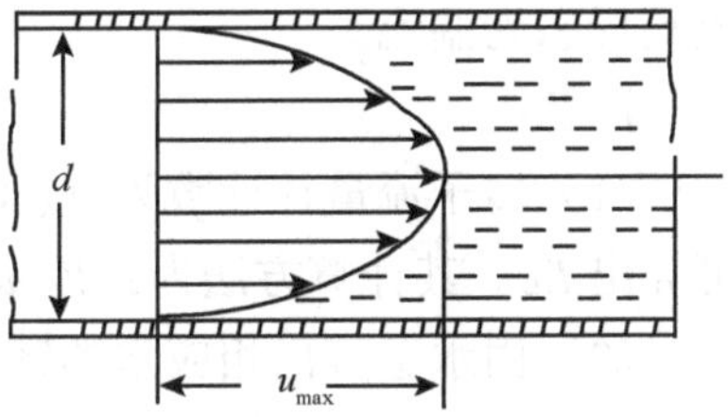

图 5-3　滞流时的流速分布

（3）关闭进水阀，待玻璃管中的红色消失后，关闭流量调节阀。如果较长时间不用，将实验装置内各处的存水放尽。

五、注意事项

（1）使水箱中的水保持定态流动，有少量水溢流即可，注意随时调节进水阀的开度。

（2）调节红墨水阀时应缓慢，否则会影响实验效果。

（3）若玻璃管中有气泡，应及时排除，否则容易造成湍流。

（4）在整个实验过程中，切勿碰撞设备，操作时也要轻巧缓慢，以免干扰流动过程的稳定性。

（5）实验过程有一定滞后性，在调节流量时切勿操之过急，待流动形态确实稳定之后，再记录数据或继续调节。

六、实验数据记录及处理

装置编号：______；水温 t=______℃；玻璃管内径 d=______m；水的黏度 μ =______Pa · s；水的密度 ρ=______kg/m^3。

将实验数据和处理结果填入表 5-1。

表 5-1　流速、雷诺数及流体流动形态

序号	转子流量计读数 V_s/（L/h）	流速 u/（m/s）	雷诺数 Re	流体流动形态	
				根据 Re 判断	实际观察
1					
2					
3					
4					
5					
6					
7					
8					
9					
10					

结论：当 Re≤________时，流体的流动形态为滞流；当 Re≥________时，流体的流动形态为湍流。

注意：

（1）转子流量计读数为 V_s（体积流量，L/h），需要将其换算为流速 u（m/s），方可算出 Re。其计算方法为：$V_s=u \cdot A$（A 为玻璃管的横截面积），并要注意统一单位。

（2）由水温查出相应水的密度和黏度。

七、思考题

（1）根据实验结果求出临界雷诺数 Re_c 的值，并与教材中结论进行比较，分析产生误差的原因。

（2）影响流体流动形态的因素有哪些？在什么情况下可以只用流速来判断流体流动形态？

（3）通过实验所观察到的流体质点速度分布情况是怎样的？请用图把它画出来。

（4）如果管子不透明，不能直接观察到管子中流体的流动形态，有什么办法判断流体的流动形态？

（5）简要说明雷诺数的物理意义。

（6）有人说可以只用流速来判断管中流体的流动形态，流速低于某一具体数值时是层流，否则是湍流，这种看法对否？

（7）层流和湍流流动的本质区别是什么？

（8）实验过程中，哪些因素会对实验结果造成影响？

（9）流体的流动形态有（　　）种。

A. 1　　B. 2　　C. 3　　D. 4

（10）雷诺数可以判断流体的流动形态，当雷诺数小于 2000 时，流体的流动形态一定是（　　）。

A. 湍流　　B. 滞流　　C. 过渡流　　D. 无法判定

（11）当流体的温度、流量一定时，管径增大，则雷诺数（　　）。

A. 增大　　B. 不变　　C. 减小　　D. 无法判定

（12）在本实验过程中，改变雷诺数最简单的方法是改变（　　）。

A. 压力　　B. 温度　　C. 流量　　D. 管径

（13）流体在转子流量计中流动方向必须（　　）。

A. 由上而下且水平　　B. 由下而上且垂直

C. 由上而下且垂直　　D. 由下而上且水平

（14）流体在定态流动过程中，单位时间通过任一截面的（　　）流量都是相等的。

A. 体积　　B. 质量　　C. 体积和质量　　D. 体积和摩尔

（15）流体在圆形直管中作定态流动，如果雷诺数大于 4000，则管内流动方向上任一截面处的速度分布为（　　）。

A. 抛物线　　B. 指数函数　　C. 直线　　D. 平推流

（16）研究流体流动形态对化工生产的指导意义是（　　）。

A. 加速反应过程　　B. 可以提高传质、传热的速率

C. 增加生产能力　　D. 节省操作费用

实验二　伯努利方程实验

一、实验目的

（1）了解伯努利方程实验装置的构造和流程。

（2）通过实验观察不可压缩流体在管内流动时各种形式机械能的相互转化现象，熟悉流体流动中各种能量和压头的概念及其相互转化关系，加深对伯努利方程中各项物理意义的理解。

（3）观察流体流经扩大管、缩小管段、弯头等管件或阀门时，各截面上静压头变化情况。

（4）观察不同高度和截面处玻璃管中水位变化，流体动能、位能及静压能变化，学会分析流体动能、位能、静压能及摩擦阻力损失之间的相互转化。

（5）了解皮托管测速方法的原理。

二、实验原理

流动体系的能量形式主要有流体的动能、位能、静压能及流体本身的热力学能，前

三种又统称为流体的机械能。流体以一定的速度流动时就具有动能，其表达式为$\dfrac{mu^2}{2}$，单位是 J。流体由于受重力作用，在不同高度具有不同的位能，其表达式为 mgZ，单位是 J。在流体内部任一处都存在一定的静压力，如果在流体流经的管道上插入一个玻璃管，流体便在玻璃管内上升到一定的高度，这种现象会在本实验中看到。静压能就是为了使流体克服这种静压力而流动，由外界对它做流动功而具有的能量。所以，静压能的值由功的形式求出：力（pA）×流体在力方向上的位移$\left(\dfrac{V}{A}\right)=pV=m\dfrac{p}{\rho}$，单位也是 J。热力学能是随流体温度和比热容的变化而变化，若流体在流动过程中，系统没有热量输入，则此时的能量衡算可以只考虑机械能之间的相互转换。那么，流体流动的总机械能就是以上三个值的总和，即

$$E=mgZ+m\frac{p}{\rho}+m\frac{u^2}{2}$$

假如流体在流动时流体内部没有内摩擦力，即流体黏度为零，这样的流体称为理想流体。对于理想流体，在其作定向流动的管道上任取两个与流动方向垂直的截面 1-1′和 2-2′，根据能量守恒定律，这两个截面间的总机械能应该是相等的，即

$$mgZ_1+m\frac{p_1}{\rho}+m\frac{u_1^2}{2}=mgZ_2+m\frac{p_2}{\rho}+m\frac{u_2^2}{2} \tag{5-3}$$

式（5-3）即为理想流体作定向流动时的伯努利方程。工程上，将单位重力的流体所具有的能量（单位$\dfrac{\mathrm{J}}{\mathrm{N}}$，即 m）称为“压头”。如果将式（5-3）中各项均除以流体重力 mg，则得到以压头形式表示的伯努利方程

$$Z_1+\frac{p_1}{\rho g}+\frac{u_1^2}{2g}=Z_2+\frac{p_2}{\rho g}+\frac{u_2^2}{2g} \tag{5-4}$$

式中：Z、$\dfrac{p}{\rho g}$和$\dfrac{u^2}{2g}$分别是以压头形式表示的位能、静压能和动能，依次称为位压头、静压头和动压头。本实验中所记录的就是压头的数值。

一般流体都具有黏度，因此在流动过程中必然会产生阻力损失。假设阻力压头为$\sum H_\mathrm{f}$，则伯努利方程修正为

$$Z_1+\frac{p_1}{\rho g}+\frac{u_1^2}{2g}=Z_2+\frac{p_2}{\rho g}+\frac{u_2^2}{2g}+\sum H_\mathrm{f} \tag{5-5}$$

三、实验装置及流程

伯努利方程实验装置的结构示意图如图 5-4 所示。该装置主要由恒位水槽、实验导管、流量调节阀、静压头测量管、冲压头测量管、蓄水箱、离心泵供水系统（自循环）和流量测定装置等组成。

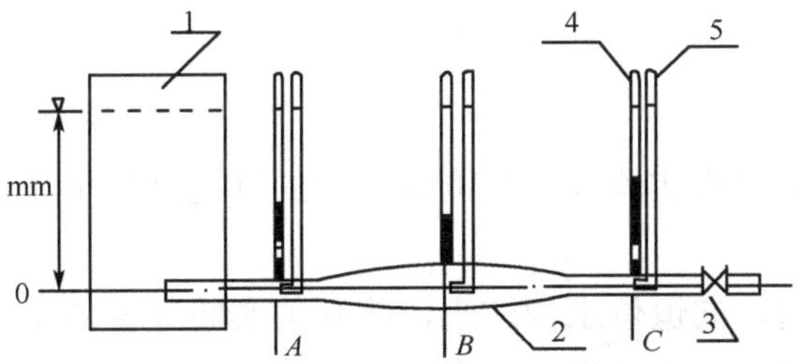

图 5-4　伯努利方程实验装置图

1. 恒位水槽；2. 实验导管；3. 流量调节阀；4. 静压头测量管；5. 冲压头测量管

恒位水槽靠溢流来维持其恒定水位，在水槽左下部装接水平放置的伯努利方程实验导管，使槽中的水可经实验导管以恒定流速流出，并通过流量调节阀调节其流量。定态流以一定流量流经实验导管时，通过布设在实验导管 3 个截面上的测压孔及其测压管（6 根），可以观察到相应截面上压头的高低，从而分析管道中稳定液流的各种能量形式、大小及其相互转化关系。

应当注意，静压头测量管上的小孔必须与水流方向垂直，测压管内液位高度即为静压头，它反映了测压点处液体压力的大小；冲压头测量管的小孔必须与水流方向平行，且要正对水流方向，同一截面处冲压头测量管与静压头测量管内液位高度的差值即为测压孔处液体的动压头，它反映该点水流动能的大小，这时测压管内液位总高度为静压头和动压头之和。

任何两个截面之间，位压头、动压头、静压头三者总和的差值即为损失压头，它表示液体流经这两个截面之间时机械能的损失。

伯努利方程实验导管上每个测量截面上的一组测压管都相当于一个皮托管，所以通过本实验，还可以了解一种流量测量的原理和方法。

四、实验步骤

实验前，关闭流量调节阀，打开进水阀门，按下水泵开关，启动水泵，向恒位水槽注水至满并保持有一定的溢流。适度打开流量调节阀，使水由伯努利方程实验导管流出，此时，恒位水槽应仍能保持恒定水位，有一定的溢流，且维持整个实验过程。在上述准备工作过程中，应排尽管路和测压管中的空气。

实验时可按如下步骤依次进行操作。

（1）调节流量调节阀至一定开度。

（2）待液流稳定，且检查恒位水槽水位恒定后，测读伯努利方程实验导管 3 个截面上 3 组测压管的液柱高度，并观察比较液体在流动情况下各测试点的压头变化。

（3）利用流量测量装置测定此工况下液流的流量。

（4）改变流量调节阀的开度，在新工况下重复上述测试。

（5）关闭实验导管的出口调节阀，观察和测量液体处于静止状态时各测试点（A、B 和 C）的压头。

（6）实验结束，关闭离心泵。

五、注意事项

（1）在实验前一定要将实验导管和测压管中的气泡排除干净，否则会干扰实验现象和测量的准确性。

（2）当开启进水阀，向恒位水槽注水，或开关实验导管的出口调节阀时，一定要缓慢地调节开启程度，并随时注意设备内流体的变化，保证溢流，且水面无波动。

（3）实验过程中需要根据测压管量程范围确定最小和最大流量。

（4）根据流体静力学原理，静止状态下各测试点压力应该相等。所以，实验前一定要进行标尺校正，否则会影响实验数据的准确性。

六、实验数据记录及处理

装置编号：______；水温 t=______℃；管径 d_1=______ m；d_2=______m；d_3=______m。

将实验数据和处理结果填入表 5-2 和表 5-3。

表 5-2　流量、流速和压头

测压点	测量位置压头/mmH_2O		流量/（L/h）	流速/（m/s）
	左	右		
1				
2				
3				

表 5-3　各种压头的计算结果

测压点	压头/mmH_2O			
	动压头	静压头	损失压头	总压头
1				

续表

测压点	压头/mmH$_2$O			
	动压头	静压头	损失压头	总压头
2				
3				

结论：

（1）能量损失沿着流体流动距离增大而增大。

（2）*A* 点与 *B* 点比较，其位压头相同，但 *B* 点比 *A* 点的静压头大，这是由于管径变粗，流速变慢，动压头转变为静压头。

（3）*C* 点与 *B* 点比较，其位压头相同，而 *C* 点的静压头小了，这是静压头转变为动压头。

（4）实验结果还清楚地说明了流体连续性方程，对于不可压缩流体的定态流动，当流量一定时，管径粗的地方流速小，管径细的地方流速大。

七、思考题

（1）实验导管出口阀全关时，各测量管内液位高度有无变化？这一现象说明什么？这一高度的物理意义又是什么？

（2）流体在管道中流动时涉及哪些能量？

（3）观察实验中如何测得某截面上的静压头和总压头，又如何得到某截面上的动压头？

（4）不可压缩流体在直径不等但水平的管路中流动，流速与管径的关系如何？

（5）为什么随着流量的增大，垂直玻璃管中的液面高度下降？

（6）为什么在实验过程中要使水槽内的液面保持恒定？

（7）流体在管路中作稳态流动时，具有（　　）特点。

A. 呈平缓的滞流

B. 呈匀速运动

C. 在任何截面处流速、流量、压力等物理参数都相等

D. 任一截面处的流速、流量、压力等物理参数不随时间而变化

（8）水（假设是理想流体）在一根等直径的垂直管内作定态流动，则其流速（　　）。

A. 会越流越快　B. 会越流越慢　C. 不变　D. 无法判定

实验三　孔板流量计的校核

一、实验目的

（1）掌握孔板流量计的构造、性能及安装方法。
（2）掌握一种流量计的标定方法——容量法。
（3）测定孔板流量计的孔流系数与雷诺数之间的关系。
（4）测定水流经孔板流量计时的永久压头损失。
（5）学习合理选择坐标系的方法。

二、实验原理

化工生产中较常用的流量计是利用流体流动过程中机械能转化原理而设计的。常见的有测速管、孔板流量计、转子流量计、湿式气体流量计等。非标准化的各种流量仪表在出厂前都必须进行流量标定，建立流量刻度标尺（如转子流量计）、给出孔流系数（如涡轮流量计）、校正曲线（如孔板流量计）等。使用者在使用时，若工作介质、温度、压力等操作条件与原来标定时的条件不同，就需要根据现场情况，对流量计进行标定。

在管路中作定态流动的流体通过孔板流量计的孔口（其面积是固定的）时，由于截面缩小，流速增大，静压能降低而造成孔口前后有一定的压降，流速越大，压降越大，据此来测量流量。因此，孔板流量计又称为变压头流量计，也称为节流式流量计。而在另一类流量计中，当流体通过流量计孔口时，压降不变，但收缩口的横截面积随流量的变化而变化，这类流量计称为变截面流量计，典型的是转子流量计。

孔板流量计是应用最广泛的节流式流量计之一。本实验采用自制的孔板流量计测定液体流量，用容量法进行标定，同时测定孔流系数与雷诺数之间的关系。

孔板流量计由在管路中安装一片中央带有圆孔的孔板所构成，其结构如图 5-5 所示。

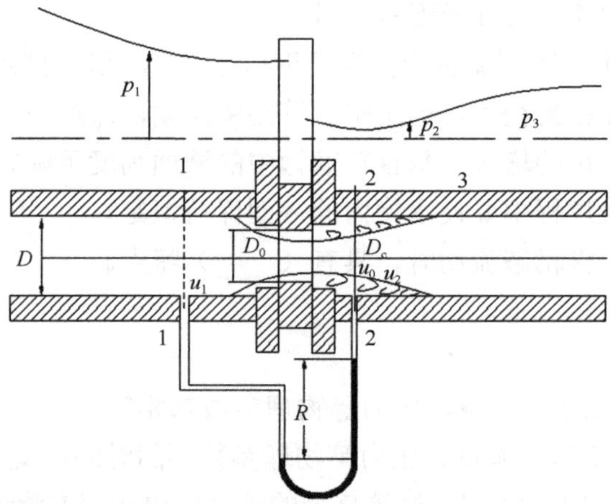

图 5-5　孔板流量计的结构示意图

流体在截面 1 处（截面积为 A_1）速度为 u_1。当流体流过孔板的开孔（截面积为 A）时，由于截面积减小，流速增大，造成孔板前后产生压差，此数值可以通过引压管在压差计上读取或在压差变送器上显示。

以 u_0 表示开孔处的流速。流体从孔板开孔流出后，由于惯性作用，截面继续收缩。到达孔板后面的截面 2 处（截面积为 A_2），其截面收缩到最小，流速达到最大，以 u_2 表示。流体截面的最小处称为缩脉。再继续往前流动，流体流动的截面积又逐渐扩大，而流速逐渐减小。当流到截面 3 处时，流体又恢复到原有管路截面积，流速也恢复到原有的流速。

在流速发生变化的同时，流体的压力发生变化。原来流体在截面 1 处的压力为 p_1。流体收缩后，沿管路中心线上的流体压力就按照图 5-5 中的曲线下降。到截面 2 即缩脉处降至 p_2，然后又随着流体截面的恢复而逐渐恢复。但由于在孔板出口处，横截面突然扩大，流体形成旋涡要消耗一部分机械能，因此流体在截面 3 处的压力 p_3 不能恢复到原来的 p_1。管路中流体的流量越大，在孔板前后产生的压差 $\Delta p = p_1 - p_2$ 也就越大，流量 V_s 与 Δp 互成一一对应关系。所以，只要用压差计测出孔板前后的压差 Δp 就能知道流量 V_s，这就是孔板流量计测量流量的基本原理。

假设流体是理想流体，没有阻力损失；管路直径为 d_1，孔板的孔径为 d_0，流体流经孔板前后所形成的缩脉直径为 d_2；流体的密度为 ρ。根据伯努利方程，在截面 1、2 处列伯努利方程：

$$\frac{u_2^2 - u_1^2}{2} = \frac{p_1 - p_2}{\rho} = \frac{\Delta p}{\rho} \tag{5-6}$$

或

$$\sqrt{u_2^2 - u_1^2} = \sqrt{\frac{2\Delta p}{\rho}} \tag{5-7}$$

式（5-6）和式（5-7）没有考虑阻力损失，并且缩脉处位置随流速而变化，其截面积 A_2 难以获得，而孔板孔径的面积 A_0 是已知的。因此，用孔板孔径处的流速 u_0 来替代式（5-7）中的 u_2，又考虑这种替代带来的误差以及实际流体局部阻力造成的能量损失，故用系数 C 加以校正。式（5-7）改写为

$$\sqrt{u_0^2 - u_1^2} = C\sqrt{\frac{2\Delta p}{\rho}} \tag{5-8}$$

对于不可压缩流体，根据连续性方程，可知 $u_1 = \frac{A_0}{A_1}u_0$，代入式（5-8）并整理得

$$u_0 = \frac{C\sqrt{\frac{2\Delta p}{\rho}}}{\sqrt{1-\left(\frac{A_0}{A_1}\right)^2}} \tag{5-9}$$

令

$$C_0 = \frac{C}{\sqrt{1-\left(\frac{A_0}{A_1}\right)^2}} \tag{5-10}$$

则式（5-9）简化为

$$u_0 = C_0\sqrt{\frac{2\Delta p}{\rho}} \tag{5-11}$$

由 u_0 和 A_0 即可计算出流体的体积流量

$$V_s = u_0A_0 = C_0A_0\sqrt{\frac{2\Delta p}{\rho}} \tag{5-12}$$

若采用倒 U 形管压差计测量压差

$$\Delta p = (\rho - \rho_i)gR \tag{5-13}$$

则

$$V_s = u_0A_0 = C_0A_0\sqrt{\frac{2gR(\rho-\rho_i)}{\rho}} \tag{5-14}$$

式中：V_s 为流体的体积流量，m^3/s；R 为倒 U 形管压差计两臂指示液的高度差，m；ρ_i 为压差计中指示液密度，kg/m^3；C_0 为孔板流量计的孔流系数，无因次。

孔板流量计的孔流系数 C_0 与体积流量 V_s 的关系为

$$C_0 = \frac{V_s}{A_0\sqrt{\frac{2gR(\rho-\rho_i)}{\rho}}} \tag{5-15}$$

孔流系数 C_0 由孔板孔口的形状、加工状况、测压口位置、孔径与管径之比和雷诺数 Re 决定，具体数值由实验测定。当孔径与管径之比为一定值时，Re 超过某个数值后，C_0 便接近于一个常数。一般工业上定型的孔板流量计就是规定在 C_0 为定值的流动条件下使用。C_0 值范围一般为 0.6～0.7。

孔板流量计结构简单，制造和安装都很方便，因此应用十分广泛，主要缺点是机械能损失大。由于机械能损失，下游速度复原后，压力不能恢复到孔板前的值，称为永久损失。用倒 U 形管压差计可以测得此损失值，且 $\frac{d_0}{d_1}$ 的值越小，永久损失越大。

孔板流量计安装时应将其上、下游各有一段直管段作为稳定段，上游长度至少应为 $10d_1$，下游应为 $5d_1$。

用体积法测量流体的体积流量 V_s，可由式（5-16）计算：

$$V_s = \frac{V}{\Delta t} \tag{5-16}$$

$$V = A' \times \Delta h \tag{5-17}$$

式中：Δt 为计量桶接收水所用的时间，s；A' 为计量桶的底面积，m^2；Δh 为计量桶液面终了时刻与起始时刻的高度差，m；V 为在 Δt 时间内计量桶接收水的体积，m^3。

管路雷诺数 Re_d 根据式（5-18）计算：

$$Re_d = \frac{d_1u_1\rho}{\mu} \tag{5-18}$$

改变一个流量，在压差计上有一对应的读数，将压差计读数 R 和流量 V_s 用式(5-15)、式（5-18）整理数据得到孔流系数 C_0 与管路雷诺数 Re_d 的关系曲线。

三、实验装置及流程

实验装置如图 5-6 所示。主要部分由循环水泵、流量计、倒 U 形管压差计、温度计和水槽等组成，实验主管路为 1 寸不锈钢管（内径 25 mm）。

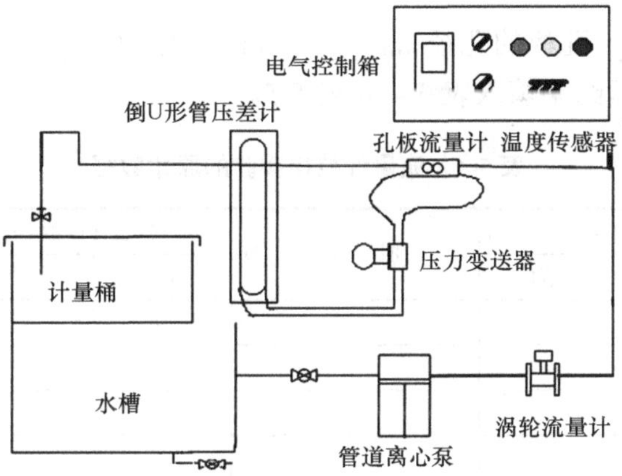

图 5-6　孔板流量计校核实验装置

本实验所用流体为水，用离心泵将水槽的水直接输送到实验管路中，经流量计后回到计量桶，最后返回水槽循环使用。测量流量时把出口管移到计量桶上方，用秒表测定收集一定体积水所用的时间，用离心泵出口的流量调节阀调节水的流量，流量计上、下游的压差采用倒 U 形管压差计测量。本实验也可采用涡轮流量计作为被校验孔板流量计的基准流量计，由转速显示仪数显设备换算流量，安装涡轮流量计时同样要求其前后有一定的直管稳定段，水平安装。在离心泵出口处装设热电阻测量水温。

四、实验步骤

（1）熟悉实验装置及流程，了解各阀门的安装位置及作用。

（2）离心泵盘车，查看水槽中的水位是否在泵进水口之上。

（3）对装置中有关管道、导压管、压差计进行排气，使倒 U 形管压差计处于工作状态。

（4）对应每一个阀门开度，采用容量法测量流量。同时，记下倒 U 形管压差计的读数，按由小到大的顺序在小流量时测量 8～9 个点，大流量时测量 5～6 个点。为保证标定精度，最好再从大流量到小流量重复一次，然后取其平均值。

（5）本装置也可以通过涡轮流量计测取流量。

（6）实验结束后关闭泵出口流量调节阀，停泵，将实验装置恢复到实验前的状态。

五、注意事项

（1）开启离心泵前，一定要对离心泵盘车，且需关闭流量调节阀或稍微开启，防止开启时电流过载烧坏电机。

（2）在排气时，各阀门要注意缓开慢关。

（3）容量法测量流量时应保证每次测量中，计量桶液位差不小于 100mm 或测量时间不少于 40s。

（4）在孔板流量计的 C_0-Re_d 图中，计算 Re_d 时一定要用管路的直径。

六、实验数据记录及处理

装置编号：______；孔板的孔径 d_0=______m；管径 d_1=______m；水温 t=______℃。将实验数据和处理结果填入表 5-4 和表 5-5。

表 5-4　流量计校核实验的原始数据

序号	液位高度/cm		时间 Δt/s	压差计读数/cm		温度/℃
	起始液位	终了液位		左臂	右臂	

表 5-5　流量计校核实验的数据处理结果

序号	体积流量 V_s/（m^3/s）	流速 u_1/（m/s）	管路雷诺数 Re_d	孔流系数 C_0

主要计算过程如下：

（1）根据容量法（秒表配合计量桶），由式（5-16）算出流量 V_s（m^3/s）。

（2）根据 $u_0 = \frac{4V_s}{\pi d_0^2}$，计算流体通过孔板流量计的孔口的流速。

（3）由流量 V_s（由闸阀开度调节）对应下的倒 U 形管压差计左右两臂指示液高度差 R，根据式（5-15），求得 C_0 值。

（4）根据式（5-18），求出雷诺数。

（5）在单对数坐标纸上绘制孔板流量计的 C_0-Re_d 图。

七、思考题

（1）为什么测试中要保证系统的满灌？

（2）孔板流量计的孔流系数与哪些因素有关？

（3）孔板流量计在安装时应注意什么问题？

（4）如何检查系统排气是否完全？

（5）标绘 C_o-Re_d 图时选择什么样的坐标纸？从所标绘的曲线，可以得出什么结论？

（6）孔板流量计的主要特点是（　　）。

A. 恒截面，恒压差　　B. 恒截面，变压差

C. 恒流速，恒压差　　D. 变流速，恒压差

（7）有关孔板流量计，下列说法错误的是（　　）。

A. 孔板流量计为恒截面的流量计

B. 通过孔板流量计的流量越大，则压降也越大

C. 如果用 U 形管压差计测定孔板前后的压差，则所测流体的密度变化时需要校准

D. 只能用于测定液体的流量

（8）U 形管压差计不可能测出的值为（　　）。

A. 表压　　B. 真空度　　C. 压差　　D. 绝对压

（9）在一定管路中，当孔板流量计的孔径与文丘里流量计的喉径相同时，相同流动条件下，文丘里流量计的孔流系数 C_V 与孔板流量计的孔流系数 C_0 的大小关系为（　　）。

A. $C_V = C_0$　　B. $C_V > C_0$　　C. $C_V < C_0$　　D. 不确定

实验四　管路流体阻力的测定

一、实验目的

（1）掌握测定流体流经直管、管件和阀门时阻力损失的一般实验方法。

（2）测定直管摩擦阻力系数 λ 与雷诺数 Re 的关系，验证在一般湍流区内 λ 与 Re 的关系曲线。

（3）测定流体流经管件、阀门时的局部阻力系数 ζ。

（4）学会倒 U 形管压差计和流量计（涡轮流量计）的使用方法。

（5）识辨组成管路的各种管件、阀门，并了解其作用。

（6）掌握坐标系的选用方法和对数坐标系的使用方法。

二、实验原理

流体通过由直管、管件（如三通、弯头等）和阀门等组成的管路系统时，由于黏性剪应力和涡流应力的存在，会损失一定的机械能。流体流经直管时所造成的机械能损失称为直管阻力损失。流体通过管件、阀门时因流体运动方向和速度大小改变所引起的机械能损失称为局部阻力损失。

1. 直管阻力摩擦系数 λ 的测定

流体在水平等径直管中稳定流动时，阻力损失为

$$h_f = \frac{\Delta p_f}{\rho} = \frac{p_1 - p_2}{\rho} = \lambda \frac{l}{d}\frac{u^2}{2} \tag{5-19}$$

即

$$\lambda = \frac{2d\Delta p_f}{\rho l u^2} \tag{5-20}$$

式中：λ 为直管阻力摩擦系数，无因次；d 为直管内径，m；Δp_f 为流体流经长度为 l 的直管时的压降，Pa；h_f 为单位质量流体流经长度为 l 的直管时的机械能损失，J/kg；ρ 为流体密度，kg/m^3；l 为直管长度，m；u 为流体在管内流动的平均流速，m/s。

当流体进行滞流（层流）流动时，λ 只与雷诺数有关，即

$$\lambda = \frac{64}{Re} \tag{5-21}$$

其中，

$$Re = \frac{du\rho}{\mu} \tag{5-22}$$

式中：Re 为雷诺数，无因次；μ 为流体的黏度，Pa · s。

当流体进行湍流流动时，λ 是雷诺数 Re 和相对粗糙度 $\left(\frac{\varepsilon}{d}\right)$ 的函数，两者之间的关系十分复杂，须由实验确定。

由式（5-20）可知，欲测定 λ，需确定 l、d，测定 Δp_f、u、ρ、μ 等参数。l、d 为装置参数，由装置参数表格中给出；ρ、μ 通过测定流体温度，再查有关手册而得；u 通过测定流体流量，再由管径计算得到。

例如，本实验中采用涡轮流量计测定流体的体积流量（V_s，m^3/h），则流速

$$u = \frac{V_s}{900\pi d^2} \tag{5-23}$$

而Δp_f可用 U 形管、倒 U 形管、测压直管等液柱式压差计测定，或采用压差变送器和二次仪表显示。

（1）当采用倒 U 形管压差计时

$$\Delta p_f = \rho g R \tag{5-24}$$

式中：ρ 为流体密度，kg/m^3；R 为倒 U 形管压差计两臂流体的高度差，m。

（2）当采用 U 形管压差计时

$$\Delta p_f = (\rho_i - \rho) g R \tag{5-25}$$

式中：R 为 U 形管压差计两臂指示液的高度差，m；ρ_i 为指示液密度，kg/m^3。

根据实验装置结构参数 l、d，指示液密度 ρ_i，流体温度 t（查流体物性 ρ、μ），实验时测定的流量 V_s、液柱式压差计的读数 R，通过式（5-23）、式（5-24）或式（5-25）、式（5-22）和式（5-20）求取 Re 和 λ，再将 Re 和 λ 标绘在双对数坐标图上，得到两者的关系曲线。

2. 局部阻力系数 ζ 的测定

局部阻力损失通常有两种表示方法，即当量长度法和局部阻力系数法。

1）当量长度法

流体流过某管件或阀门时造成的机械能损失可以看作与某一长度为 l_e 的同直径的管道所产生的机械能损失相当，此折合的管道长度称为当量长度，用符号 l_e 表示。这样，就可以用直管阻力损失的公式来计算局部阻力损失，而且在管路计算时可将管路中的直管长度与管件、阀门的当量长度合并在一起计算，则流体在管路中流动时的总机械能损失 $\sum h_f$ 为

$$\sum h_f = \lambda \frac{l + \sum l_e}{d} \frac{u^2}{2} \tag{5-26}$$

2）局部阻力系数法

流体通过某一管件或阀门时的机械能损失可以表示为流体在小管径内流动时平均动能的某一倍数，局部阻力损失的这种计算方法称为局部阻力系数法，即

$$h_f' = \frac{\Delta p_f'}{\rho} = \zeta \frac{u^2}{2} \tag{5-27}$$

故

$$\zeta = \frac{2\Delta p_f'}{\rho u^2} \tag{5-28}$$

式中：ζ 为局部阻力系数，无因次；$\Delta p_f'$ 为局部阻力压降，Pa；ρ 为流体密度，kg/m^3；u 为流体在小截面管中的平均流速，m/s。

待测的管件和阀门由现场指定。根据连接管件或阀门两端管径中小管的直径 d，指示液密度 ρ_i，流体温度 t（查流体物性 ρ、μ），实验时测定的流量 V_s，液柱式压差计的读数 R，通过式（5-23）、式（5-24）或式（5-25）、式（5-28）求取管件或阀门的局部阻力系数 ζ。

三、实验装置及流程

1. 实验装置

实验装置流程图如图 5-7 所示。

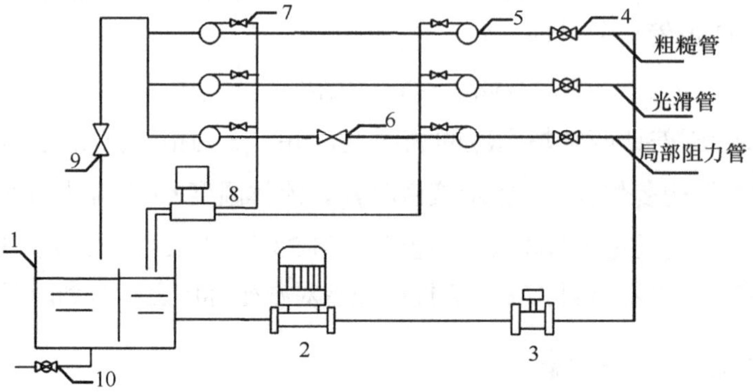

图 5-7　管路流体阻力测定实验流程图

1. 水箱；2. 离心泵；3. 涡轮流量计；4. 管路选择阀（球阀）；5. 均压阀；6. 局部阻力管上闸阀；7. 连接均压环和压差变送器球阀；8. 压差变送器或倒 U 形管压差计；9. 出口阀；10. 排水阀

2. 实验流程

实验装置由水箱、离心泵、不同管径和材质的水管、各种阀门、管件、涡轮流量计和倒 U 形管压差计或压差变送器等组成。管路部分有三段并联的长直管，从下到上依次用于测定局部阻力系数、光滑管阻力系数和粗糙管阻力系数。测定局部阻力部分使用不锈钢管，其上装有待测管件（闸阀 6）；光滑管阻力的测定同样使用内壁光滑的不锈钢管，而粗糙管阻力的测定采用的是管道内壁较粗糙的镀锌铁管。

水的流量使用涡轮流量计测量，管路和管件的阻力采用倒 U 形管压差计进行测量，或者采用压差变送器将压差信号传递给无纸记录仪。

3. 装置参数

装置中各管路参数见表 5-6。

表 5-6　实验装置中所涉及的管路及参数

名称	材质	管路号	管内径/mm	测量段管长/cm
局部阻力管	闸阀	1A	20.0	100
光滑管	不锈钢管	1B	21.0	100
粗糙管	镀锌铁管	1C	22.0	100

四、实验步骤

1. 实验准备

（1）清洗水箱，除去底部杂物，注意防止损坏泵的叶轮和涡轮流量计。关闭箱底侧排污阀，灌清水至离水箱上缘约 20 cm 高度，这样既可提供足够的实验用水，又可防止出口管处水花飞溅。

（2）接通控制柜电源，打开总空气开关电源及仪表电源，进行仪表自检。打开水箱与泵连接管路间的球阀，关闭泵的回流阀，全开转子流量计下的闸阀。以上步骤操作完成后，如果泵吸不上水，可能是叶轮反转，首先检查有无缺相，一般可从指示灯判断三相电是否正常；其次检查有无反相，需检查管道离心泵电机部分电源相序，调整三根火线中的任意两线插口即可。

2. 实验操作步骤

1）泵启动

首先进行灌泵，然后关闭出口阀，打开总电源和仪表开关，启动水泵，待电机转动平稳后，把出口阀缓缓开到最大。

2）实验管路选择

选择实验管路，把对应的管路进口阀打开，并在出口阀最大开度下，保持全流量流动 5～10 min。

3）管路的引压操作

需打开实验管路均压环上的引压阀 A 和 B，对 1 号倒 U 形管（这种压差计内充空气，以待测液体为指示液，一般用于测量液体小压差的场合）进行如下操作，其结构如图 5-8 所示。

（1）排出系统和导压管内的气泡。关闭管路总出口阀（图 5-7），使系统处于零流量、高扬程状态。关闭倒 U 形管压差计进气阀门、出水活栓和平衡阀门。打开高压侧阀门和低压侧阀门，使实验系统的水经过系统管路、导压管、高压侧阀门、倒 U 形管、低压侧阀门排出系统。

（2）玻璃管吸入空气。排净气泡后，关闭 1 和 2 两个阀门，打开平衡阀门、出水活栓和进气阀门，使玻璃管内的水排净并吸入空气。

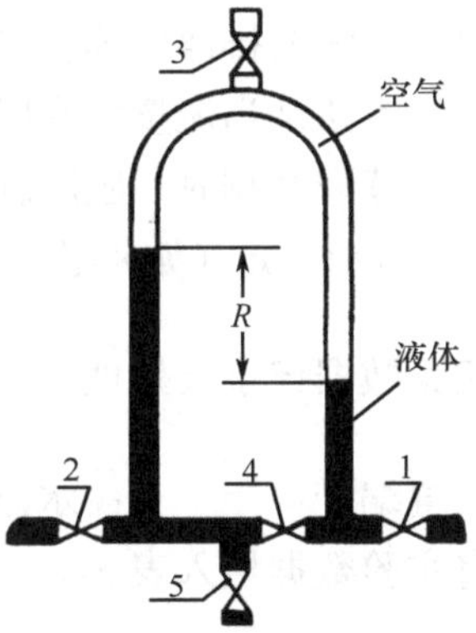

图 5-8　倒 U 形管压差计

1. 低压侧阀门；2. 高压侧阀门；3. 进气阀门；4. 平衡阀门；5. 出水活栓

（3）平衡水位。关闭阀门 4、5、3，然后打开 1 和 2 两个阀门，让水进入玻璃管至平衡水位（此时系统中的出水阀门始终是关闭的，管路中的水在零流量时，U 形管内水位是平衡的），压差计处于待用状态。

（4）调节管路总出口阀，则被测对象在不同流量下对应的压差就反映为倒 U 形管压差计的左右水柱之差。

4）流量调节

手控状态，变频器输出选择 100，然后开启管路出口阀，调节流量，让流量在 1～4m³/h

变化，建议每次实验变化 0.5m^3/h 左右。每次改变流量，待流动达到稳定后，读取相应的实验数据，主要获取的实验参数为：流量 V_s、测量段压差 Δp 及流体温度 t；管内径 d 和测量段管长 L 为给定的装置参数，见表 5-6。自控状态下，流量控制界面设定流量值或设定变频器输出值，待流量稳定记录相关数据即可。

5）计算

装置确定时，根据 Δp 和 u 的实验测定值，可计算 λ 和 ζ。在等温条件下，雷诺数 $Re=\dfrac{du\rho}{\mu}=Au$，其中 A 为常数，因此只要调节管路流量，即可得到一系列 λ-Re 的实验点，从而绘出 λ-Re 曲线。

6）实验结束

关闭出口阀，关闭水泵和仪表电源，清理装置。

五、注意事项

（1）离心泵在启动前应灌泵排气；离心泵要在出口阀关闭的情况下启动；停车前要先关闭出口阀。

（2）启动离心泵，打开被测管路线上的开关阀及控制面板上与其相应的切换阀，关闭其他开关阀和切换阀，保证测压点一一对应。

（3）启动离心泵以及从光滑管阻力测量过渡到其他测量之前，都必须检查所有流量调节阀是否关闭。

（4）系统要排净气体使液体连续流动。设备和测压管线中的气体都要排净，检查是否排净的方法是当流量为零时，观察倒 U 形管压差计中两液面是否水平。

（5）读取数据时，应注意稳定后再读取。测定直管阻力时，流量由大到小，充分利用面板量程读取一定（如 8 组）数据，然后再由小到大测取几组数据，验证数据的重复性。

六、实验数据记录及处理

装置编号：______；水温 t=______℃。

将实验数据填入表 5-7。

表 5-7　管路流体阻力测定的原始数据

序号	光滑管		粗糙管		局部管件	
	流量/（m^3/h）	管压差/kPa	流量/（m^3/h）	管压差/kPa	流量/（m^3/h）	管件压差/kPa

1. 实验数据处理要求

（1）对实验数据进行处理，处理过程应提供一组数据的计算示例。
（2）计算出直管阻力系数 λ、局部阻力系数 ζ 及对应的雷诺数 Re。
（3）根据实验结果在双对数坐标纸上描绘 λ-Re 关系曲线。
（4）对实验结果进行讨论（如 λ 随 Re 变化规律、误差分析等）。

2. 数据处理结果

将实验数据处理结果填入表 5-8。

表 5-8　管路流体阻力测定的数据处理结果

序号	流速 u/（m/s）			雷诺数 Re			直管阻力系数 λ		局部阻力系数 ζ
	光滑管	粗糙管	局部管件	光滑管	粗糙管	局部管件	光滑管	粗糙管	

七、思考题

（1）在对装置做排气工作时，是否一定要关闭流程尾部的出口阀？为什么？
（2）为什么要对系统进行排气操作？怎样才能迅速排净空气？如何检测管路中的空气已经被排净？
（3）以水作介质所测得的 λ-Re 关系能否适用于其他流体？
（4）不同管径、不同水温下测定的 λ-Re 数据能否关联到同一条曲线上？
（5）如果要增加雷诺数的范围，可采取哪些措施？
（6）为什么要在出口阀门关闭的情况下启动离心泵电机？
（7）流体流过管件的局部阻力系数与哪些因素有关？
（8）测出的直管摩擦阻力与设备的放置状态有关吗？为什么？
（9）两段管线的管长、管径、相对粗糙度及管内流速均相同，一根水平放置，另一根倾斜放置，则流体流过这两段管线的阻力及管子两端的压差是否相同？为什么？
（10）U 形管压差计上装设的“平衡阀”有什么作用？在什么情况下它是打开的？在什么情况下它应该是关闭的？
（11）为什么要将实验数据标绘在双对数坐标纸上？

实验五 流体输送实验

一、实验目的

（1）掌握化工管路的构成及流体输送的基本流程。
（2）认识流体输送管路中各类仪器仪表。
（3）掌握离心泵、旋涡泵、齿轮泵输送的操作过程。
（4）了解离心泵的气缚和气蚀现象。
（5）掌握离心泵的串、并联操作。
（6）掌握压力输送、真空抽取及机械输送操作。
（7）掌握液位计、压力表、流量计及各类泵的使用方法。
（8）锻炼学生在操作过程中预防异常现象发生及现场处理的能力。

二、实验原理

化工生产中所处理的原料及产品大多是流体。按照生产工艺的要求，制造产品时往往要把原料依次输送到各种设备内，进行化学反应或物理变化；生产所得的产品又要输送到储罐内储存。所以，流体输送技术是化工生产中比较重要的技术之一。

为了能根据生产要求，将所需流体从一个设备输送到另一个设备或者从一个车间输送到另一个车间，在流体输送中必须掌握以下技能：泵、压缩机、真空系统的开车、正常运行以及停车的操作，同时还需要掌握调节流体流量、控制储罐液位等。

在化工生产中要根据生产过程的具体情况进行设备、仪表的选用，同时分析和处理流体输送过程中可能出现的常见故障。因此，对于流体输送，除掌握必要的操作技能外，更重要的是学会应用流体输送的基本原理及规律分析问题和解决问题。

1. 管路管径的选择及管路布置

通常用圆形管路输送流体。因此，要根据输送要求（如流量等）选用管材、管径[考虑流体流动阻力及流量与管径之间的关系，见式（5-29）、式（5-30）]，并按照一定的要求布置管路。

$$\sum h_{\mathrm{f}} = \lambda \frac{l + \sum l_{\mathrm{e}}}{d} \frac{u^2}{2} \tag{5-29}$$

式中：$\sum h_{\mathrm{f}}$ 为单位质量流体流经管路的机械能损失之和，J/kg；λ 为阻力摩擦系数，无因次；d 为直管内径，m；l 为直管长度，m；l_{e} 为当量长度，m；u 为流体流速，m/s。

$$V_{\mathrm{s}} = \frac{\pi}{4} d^2 u \tag{5-30}$$

式中：V_{s} 为流体体积流量，$\mathrm{m^3/s}$。

2. 流体的输送

将流体按照要求通过管道从一个设备输送到另一个设备，首先必须确定适宜的流速，然后按照式（5-30）确定输送管路的直径。

当 V_s 一定时，流速 u 越小，则管径 d 越大，阻力越小，操作费用较低，而设备费用较高；反之，流速 u 越大，则管径 d 越小，阻力越大，操作费用较高，而设备费用较低（图 5-9）。因此，在操作时，要选择适宜的流体流速。一般情况下，不同流体流速可以参考表 5-9 进行选择。

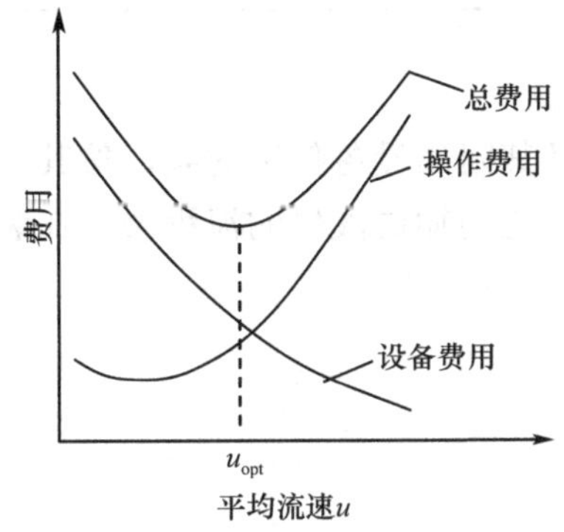

图 5-9　流体流速与操作费用、设备费用及总费用之间的关系

表 5-9　常用流体流速范围

流体类别	常用流速范围/（m/s）	流体类别	常用流速范围/（m/s）
水及一般液体	1～3	压力较高的气体	15～25
黏度较大的液体	0.5～1	<8atm[a] 饱和水蒸气	40～60
低压气体	8～15	<3atm 饱和水蒸气	20～40
易燃、易爆的低压气体	<8	过热水蒸气	30～50

a. 1atm=1.01325×10^5Pa。

3. 压力、液位和流量的测定

为了了解和控制生产过程，需要对管路或设备内的压力、液位和流量等一系列参数进行测定，以便合理地选用和安装测量仪表，而这些测量仪表的操作原理又多以静止或流动规律为依据。

4. 流体输送机械

化工生产中所涉及的流体种类繁多、性质各异，对输送的要求也相差悬殊。为了满足不同输送任务的要求，出现了多种型式的输送机械。

1）按被输送流体的相态分类

流体包括液体和气体，液体和气体的性质不同。将输送液体的机械称为泵；将输送气体的机械按其所产生压力的高低分别称为通风机、鼓风机、压缩机和真空泵。

2）按输送机械的结构与工作原理分类

依据流体输送机械的结构与作用原理可将其分为表 5-10 所示几种类型。

表 5-10 流体输送机械分类

类型		流体输送机械	气体输送机械
动力式		离心泵、旋涡泵	离心式通风机、鼓风机、压缩机
容积式（正位移式）	往复式	往复泵、计量泵、隔膜泵	往复式压缩机
	旋转式	齿轮泵、螺杆泵	罗茨鼓风机、液环压缩机
流体作用式		喷射泵	喷射真空泵

3）按工艺操作的目的分类

化学工业中，化工装置及其附属设备使用的泵，按其工艺操作的目的分为：在装置中促进设备内的反应及在设备之间输送液体的流程泵；在装置外用于原料、制品、燃料及其他介质的输送泵。

三、实验步骤

1. 开车前准备

（1）检查水、电是否处于正常供应状态（水压、水位是否正常；电压、指示灯是否正常）。

（2）检查总电源的电压情况是否良好。

（3）检查控制柜及现场仪表显示是否正常。

2. 正常开车

1）开启电源

（1）在仪表操作盘台上，开启总电源开关（注意三相电指示灯应全亮）。

（2）开启仪表电源开关，此时仪表电源指示灯亮，且仪表上电并且显示正常。

2）开启计算机启动监控软件

（1）打开计算机电源开关，启动计算机（注意应插入加密钥匙）。

（2）在桌面上点击“流体输送软件”，进入 DCS 控制界面。

3. 流体的机械输送

1）齿轮泵等容积式泵输送

开车前准备：

（1）打开储罐 V103 罐顶进口阀及放空阀。

（2）打开储罐 V101 或 V102 的出口阀及放空阀。

（3）检查并调整储罐 V101 或 V102 的液位不低于 25cm。

（4）检查并调整储罐 V103 的液位不高于 10cm。

（5）选择其中一种流量计，打开计后阀（针对有计后阀的情况），再全开计前阀、泵后阀。

（6）全开旁路阀。

（7）打开泵前阀。
（8）打开管路上其他阀。
开车：
（1）启动旋涡泵开关，调节旋涡泵的频率（30～50kW）。
（2）逐渐关小旁路阀调节流量到流量计显示设定值。
（3）等储罐 V103 的液位到设定值时开始停车。
（4）启动齿轮泵开关。
（5）逐渐关小旁路阀调节流量到流量计显示设定值。
（6）等储罐 V103 的液位到设定值时开始停车。
停车：
（1）逐渐打开旁路调节阀至主路上没有流量为止。
（2）关闭泵。
（3）关闭泵前阀、泵后阀。
（4）关闭储罐 V101 或 V102 的出口阀及放空阀。
（5）关闭储罐 V103 罐顶进口阀及放空阀。
（6）关闭管路上其他阀。
2）离心泵等动力式泵输送
开车前准备：
（1）打开储罐 V103 罐顶进口阀及放空阀。
（2）打开储罐 V101 或 V102 的出口阀及放空阀。
（3）检查并调整储罐 V101 或 V102 的液位不低于 25cm。
（4）检查并调整储罐 V103 的液位不高于 10cm。
（5）选择其中一种流量计，打开计后阀（针对有计后阀的情况），再微开计前阀。
（6）打开泵前阀。
（7）打开管路上其他阀。
开车：
（1）启动泵开关。
（2）打开泵出口阀。
（3）调节计前阀，控制流量到指定值。
（4）等储罐 V103 的液位到设定值时开始停车。
停车：
（1）关闭泵出口阀。
（2）关闭泵。
（3）关闭泵前阀。
（4）关闭储罐 V101 或 V102 的出口阀及放空阀。
（5）关闭储罐 V103 罐顶进口阀及放空阀。
（6）关闭管路上其他阀。

4. 流体的压力输送

开车前准备：

（1）打开储罐 V103 罐顶进口阀及放空阀。

（2）打开储罐 V101 或 V102 的出口阀，关闭其上的放空阀。

（3）检查空压机的电源是否接连正常，空压机及储气罐上的仪表、阀门是否完好。

（4）检查并调整储罐 V101 或 V102 的液位不低于 25cm。

（5）检查并调整储罐 V103 的液位不高于 10cm。

（6）打开主管道末端转子流量计（压力输送管路）计后阀。

开车：

（1）启动空气压缩机，至储气罐到达一定压力（在 0.7～0.8 MPa）后，压缩机首次停止工作。

（2）开启出气口阀门，调节减压阀出口压力小于 0.1 MPa，选择储贮气罐 V101 或 V102，等待压力到达 0.1MPa 左右。

（3）打开该罐的出口阀，再打开主管道末端转子流量计（压力输送管路）计前阀。

（4）调节流量为某一定值，如 0.6m^3/h。

（5）观察转子流量计的读数，一段时间后，观察储罐 V103 液位计读数的变化。

（6）等储罐 V103 的液位到设定值时开始停车。

停车：

（1）关闭所选储罐 V101 或 V102 上的压缩空气进气阀。

（2）关闭流量计计前阀，关闭所选储罐 V101 或 V102 的出口阀。

（3）关闭空气压缩机。

（4）关闭缓冲罐出口阀。

（5）缓慢打开所选储罐 V101 或 V102 的放空阀进行泄压。

（6）恢复管路其他阀门至初始状态。

（7）关闭储罐 V103 罐顶进口阀及放空阀。

5. 流体的真空输送

开车前准备：

（1）检查泵 P102b 是否正常。

（2）检查水喷射泵机组各阀门是否在相应位置。

（3）检查并调整储罐 V101 及 V102 液位不低于 25cm。

（4）检查并调整储罐 V103 的液位不高于 10cm，并关闭放空阀。

（5）打开储罐 V101 的出口阀及放空阀。

（6）检查其他管路、设备上的阀门开、关是否得当。

开车：

（1）启动泵 P102b，让流体经过水喷射泵直接回到储罐 V103。

（2）打开水喷射泵的支路对储罐 V103 抽真空至−0.02～−0.04MPa。

（3）打开储罐 V102 的抽水管路、储罐 V103 底部的阀门，观察储罐 V103 的液位变化。
（4）等储罐 V103 的液位到设定值时开始停车。
停车：
（1）关闭储罐 V102 的抽水管路、储罐 V103 底部的阀门。
（2）关闭真空系统：关闭辅助泵及泵 P102b。
（3）缓慢打开 V103 的放空阀进行泄压。
（4）恢复管路上其他阀门至初始状态。

四、流体输送实验考核标准

1. 流体的机械输送

1）齿轮泵等容积式泵输送
（1）考核目标。
（a）了解化工管路的构成及掌握流体输送的基本流程。
（b）掌握齿轮泵的操作。
（2）考核任务。
利用齿轮泵将 V101 中的物料输送到 V103 中。
（3）考核内容。
（a）液位计、压力表、流量计等的使用。
（b）化工管路的构成与流体输送的基本流程。
（c）流量控制在 0.8m^3/h 左右。
（d）V103 液位值控制在 40cm。
齿轮泵等容积式泵输送操作考核评分表见表 5-11。

表 5-11　齿轮泵等容积式泵输送操作考核评分表

项目	评分标准	得分
开车前准备	20 分：①检查电源、水源是否处于正常供给状态；②检查并调整 V103 液位不高于 10cm；③检查并调整 V101 液位不低于 25cm；④管路中、设备上的阀门开、关是否得当。操作步骤每错、漏一处扣 5 分，扣完为止。	
开车	25 分：打开齿轮泵旁路阀的情况下启动齿轮泵的电机。操作步骤每错、漏一处扣 6 分，扣完为止。	
正常操作	25 分：①调节流量计的计前阀和旁路阀，调节流量为 0.8m^3/h 左右，并正确读数及记录实验数据；②观察齿轮泵的出口压力，正确读数并记录实验数据；③观察 V103 液位变化，当液位达到 40cm 即可准备停车。操作步骤每错、漏一处扣 5 分，扣完为止。	
停车	25 分：①关闭流量计计前阀；②开大齿轮泵旁路阀；③停电机。操作步骤每错、漏一处扣 8 分，扣完为止。	
团队合作、文明操作	5 分：①团队间相互配合，不能一人独立完成；②正确使用操作工具；③保持操作现场干净整齐。酌情给分。	
总得分		

2）离心泵等动力式泵输送
（1）考核目标。
（a）了解化工管路的构成及掌握流体输送的基本流程。

（b）掌握离心泵的操作。

（2）考核任务。

利用 P102a 将 V101 中的物料输送到 V103 中。

（3）考核内容。

（a）液位计、压力表、流量计等的使用。

（b）化工管路的构成与流体输送的基本流程。

（c）流量控制在 0.6m^3/h 左右。

（d）V103 液位计控制在 40cm。

离心泵等动力式泵输送操作考核评分表见表 5-12。

表 5-12　离心泵等动力式泵输送操作考核评分表

项目	评分标准	得分
开车前准备	25 分：①检查电源、水源是否处于正常供给状态；②检查并调整 V103 液位不高于 10cm；③检查并调整 V101 液位不低于 25cm；④管路中、设备上的阀门开、关是否得当。操作步骤每错、漏一处扣 5 分，扣完为止。	
开车	25 分：①关闭泵出口阀的情况下启动离心泵的电机；②观察泵出口压力，达到 0.18MPa 左右时，打开泵出口阀。操作步骤每错、漏一处扣 6 分，扣完为止。	
正常操作	25 分：①缓慢调节流量计计前阀，调节流量为 0.6m^3/h 左右，并正确读数及记录实验数据；②观察离心泵的出口压力，正确读数并记录实验数据；③观察 V103 液位变化，当液位达到 40cm 即可准备停车。操作步骤每错、漏一处扣 4 分，扣完为止。	
停车	20 分：①关闭流量计计前阀；②关闭泵出口阀；③停电机。操作步骤每错、漏一处扣 8 分，扣完为止。	
团队合作、文明操作	5 分：①团队间相互配合，不能一人独立完成；②正确使用操作工具；③保持操作现场干净整齐。酌情给分。	
总得分		

2. 流体的压力输送

1）考核目标

（1）掌握化工管路的构成及掌握流体输送的基本流程。

（2）学会压力输送的操作。

2）考核任务

采用压力输送将 V101 中的物料输送到 V103 中。

3）考核内容

（1）液位计、压力表、流量计等的使用。

（2）化工管路的构成与流体输送的基本流程。

（3）流量控制在 0.6m^3/h 左右。

（4）V103 液位计控制在 40cm。

流体的压力输送操作考核评分表见表 5-13。

表 5-13　流体的压力输送操作考核评分表

项目	评分标准	得分
开车前准备	25 分：①检查电源、水源是否处于正常供给状态；②检查并调整 V103 液位不高于 10cm；③检查并调整 V101 液位不低于 25cm；④管路中、设备上的阀门开、关是否得当。操作步骤每错、漏一处扣 5 分，扣完为止。	

续表

项目	评分标准	得分
开车	25 分：①关闭 V101 放空阀；②打开流量计计后阀；③打开 V103 进口阀；④打开空气压缩机；⑤打开空气压缩机缓冲罐出口阀；⑥向系统提供压缩空气；⑦打开压缩空气阀给 V101 充压。操作步骤每错、漏一处扣 4 分，扣完为止。	
正常操作	25 分：①观察 V101 压力表读数达到 0.1MPa 时，缓慢打开流量计计前阀，调节流量为 $0.6m^3/h$，正确读数并记录实验数据；②记录压力表数据；③观察 V103 液位变化，当液位达到 40cm 即可准备停车。操作步骤每错、漏一处扣 3 分，扣完为止。	
停车	20 分：①关闭流量计计前阀；②关闭压缩空气阀；③关闭空气压缩机；④缓慢打开低位槽放空阀泄压；⑤关闭低位槽出口阀。操作步骤每错、漏一处扣 5 分，扣完为止。	
团队合作、文明操作	5 分：①团队间相互配合，不能一人独立完成；②正确使用操作工具；③保持操作现场干净整齐。酌情给分。	
总得分		

3. 流体的真空输送

1）考核目标

（1）掌握化工管路的构成及掌握流体输送的基本流程。

（2）掌握真空输送流体的操作。

2）考核任务

利用真空输送将 V101 中的物料输送到 V103 中。

3）考核内容

（1）液位计、压力表、流量计等的使用。

（2）化工管路的构成与流体输送的基本流程。

（3）喷射真空泵机组操作。

流体的真空输送操作考核评分表见表 5-14。

表 5-14 流体的真空输送操作考核评分表

项目	评分标准	得分
开车前准备	20 分：①检查电源、水源是否处于正常供给状态；②检查并调整 V103 液位不高于 10cm；③检查并调整 V101 液位不低于 25cm；④管路中、设备上的阀门开、关是否得当。操作步骤每错、漏一处扣 5 分，扣完为止。	
开车	25 分：①打开 V101 放空阀，打开流量计计后阀，打开 V103 进口阀，关闭 V103 放空阀，打开真空机组；②启动水泵，打开缓冲罐出口阀向系统提供真空；③将 V103 抽真空。操作步骤每错、漏一处扣 3 分，扣完为止。	
正常操作	25 分：①当 V103 的压力达到−0.1MPa 时，缓慢打开流量计计前阀，调节流量为 $0.6m^3/h$ 左右，正确读数并记录实验数据；②观察 V103 压力，正确读数并记录；③观察 V103 液位变化，当液位达到 20cm 即可准备停车。操作步骤每错、漏一处扣 5 分，扣完为止。	
停车	25 分：①关闭流量计计前阀；②关闭抽真空阀；③缓慢打开缓冲罐和 V103 的放空阀；④关闭 V102 出口阀。操作步骤每错、漏一处扣 5 分，扣完为止。	
团队合作、文明操作	5 分：①团队间相互配合，不能一人独立完成；②正确使用操作工具；③保持操作现场干净整齐。酌情给分。	
总得分		

五、实验数据记录

将流体输送实验数据填入表 5-15。

表 5-15　流体输送实验数据记录

项目	输送时间/s	液位变化/mm	输送时间/s	液位变化板数	流量计读数/（L/h）	设备压力/MPa	真空表读数/MPa
离心泵 A							
离心泵 B							
齿轮泵							
压力输送							
真空输送							

六、思考题

（1）流体输送的方式有哪些？

（2）什么是阀门复位？如何保证流体在输送前管路通畅？

（3）简述压力输送的操作步骤及注意事项。

（4）简述真空输送的操作步骤及注意事项。

（5）压力表上显示的压力即为被测流体的（　　）。

A. 绝对压　　B. 表压　　C. 真空度

（6）设备内的真空度越高，说明设备内的绝对压力（　　）。

A. 越大　　B. 越小　　C. 越接近大气压

（7）离心泵为什么要在出口阀门关闭的情况下启动电机？（　　）

A. 防止离心泵中的液体漏掉

B. 因为此时离心泵的功率最小，开机噪声小

C. 因为此时离心泵的功率最小，即电机电流为最小

D. 保证离心泵的压头稳定

（8）离心泵的送液能力（流量调节）是通过（　　）实现的。

A. 同时调节泵出口阀和旁路阀

B. 同时调节泵出口阀和进口阀

C. 调节旁路阀

D. 调节泵出口阀

（9）转子流量计读数时应注意什么？为什么？

（10）开启阀门要逆时针旋转、关闭阀门要顺时针旋转，为什么工厂操作会形成这种习惯？

（11）正常工作的离心泵，在其进口管路上设置阀门是否合理？为什么？

（12）为什么在离心泵进口管下安装底阀？从节能角度看，底阀的安装是否有利？应如何改进？

（13）为什么实验结束先关闭电源，5min 后再关闭压缩机？

实验六　离心泵特性曲线的测定

一、实验目的

（1）了解离心泵的结构和特性。

（2）熟悉离心泵的启动及基本操作。

（3）掌握离心泵特性曲线的测定方法。

（4）熟悉离心泵特性曲线的应用。

（5）掌握各种因素对离心泵特性曲线的影响。

二、实验原理

在工业生产中，常需对液体进行输送或加压，能完成此类任务的机械称为泵，而其中靠离心作用的称为离心泵。离心泵具有结构简单、性能稳定、检修方便、操作容易和适应性强等特点，应用十分广泛。据统计，超过 80%的液体输送选用离心泵。因此，离心泵的操作也是化工生产中最基本的操作之一。

离心泵主要由吸入管、排出管和离心泵主体组成。离心泵主体分为转动部分和固定部分。转动部分由电机带动旋转，将能量传递给转动的部分，主要包括叶轮和泵轴。固定部分包括泵壳、导轮、密封装置等。叶轮是离心泵中使液体接受外加能量的部件。泵轴的作用是把电机的能量传递给叶轮。泵壳是通道截面积逐渐扩大的蜗形壳体，它将液体限定在一定的空间内，并将液体大部分动能转化为静压能。导轮是一组与叶轮旋转方向相适应，且固定于泵壳上的叶片。密封装置的作用是防止液体的泄漏或空气倒吸入泵内。

离心泵的内部结构、叶轮形式及转速等决定了离心泵的性能参数，其中理论扬程与流量的关系可通过对泵内液体质点运动的理论分析得到。由于流体流经泵时，不可避免地会遇到种种阻力，产生能量损失，所以实际扬程比理论扬程小，且难以通过计算得到。因此，通常采用实验方法直接测定扬程、功率、效率与流量的关系。在一定的型号和转速下，离心泵的扬程 H、轴功率 N 和效率 η 均随体积流量 Q 的改变而变化。通过实验测出 H-Q、N-Q 和 η-Q 的关系，并用曲线表示，该曲线称为离心泵的特性曲线，如图 5-10 所示。

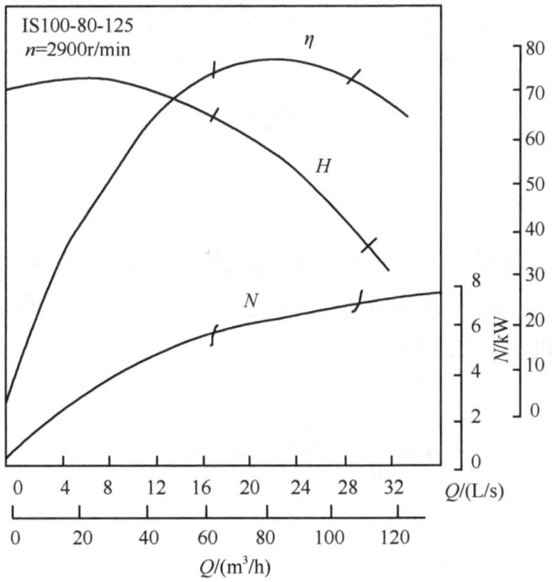

图 5-10　离心泵的特性曲线

1. 流量 Q 的测定

流量在实验过程中是设定值，可直接设定流量为 3～12m^3/h，共取 10 组数据；也可设定出口阀的开度为 10%～100%，共取 10 组数据。

2. 扬程 H 的测定与计算

取离心泵进口真空表和出口压力表处为截面 1、2，在截面 1、2 之间列机械能衡算方程

$$Z_1+\frac{p_1}{\rho g}+\frac{u_1{}^2}{2g}+H_{\mathrm{e}}=Z_2+\frac{p_2}{\rho g}+\frac{u_2{}^2}{2g}+\sum H_{\mathrm{f}} \tag{5-31}$$

由于两截面间的管长较短，通常可忽略阻力项 $\sum H_{\mathrm{f}}$，速度平方差也很小，故动压头的变化也可忽略，则有

$$H_{\mathrm{e}}=(Z_2-Z_1)+\frac{p_2-p_1}{\rho g} \tag{5-32}$$

式中：Z_1、Z_2 分别为截面 1、2 离开某一基准面的距离，m；ρ 为流体密度，kg/m^3；g 为重力加速度，m/s^2；p_1、p_2 分别为泵进、出口两个截面上的真空度和表压，Pa；u_1、u_2 分别为泵进、出口的流速，m/s。

由式（5-32）可知，读取真空表和压力表上的数值及两表之间的高度差，就可计算出泵的扬程。

3. 轴功率 N 的测量与计算

离心泵的轴功率 N 可用式（5-33）计算：

$$N=k\times N' \tag{5-33}$$

式中：N' 为电功率表显示值；k 为电机传动效率，取 0.7。

离心泵的有效功率 N_{e} 计算公式为

$$N_{\mathrm{e}}=HQ\rho g \tag{5-34}$$

4. 效率 η 的计算

效率 η 为泵的有效功率 N_{e} 与轴功率 N 的比值。有效功率 N_{e} 是单位时间内流体经过泵时所获得的实际功，轴功率 N 是单位时间内泵轴从电机得到的功，两者差值反映了水力损失、容积损失和机械损失的大小。

效率 η 为

$$\eta=\frac{N_{\mathrm{e}}}{N}=\frac{HQ\rho g}{N}\times 100\% \tag{5-35}$$

三、实验装置及流程

本实验装置主要由水箱、离心泵、泵进口压力传感器、泵出口压力传感器、电动调

节阀、涡轮流量计等组成，流程如图 5-11 所示。离心泵从水箱中吸入水，经涡轮流量计、电动调节阀后流经整个管路并返回水箱。在吸入管进口处装有灌泵口以便启动前对离心泵注水；在离心泵的进口和出口处分别装有压力传感器，测量离心泵的进、出口压力；泵的出口管路装有涡轮流量计以便测定通过泵的流量；在管路中还装有电动调节阀，用以调节通过泵的流量。泵的功率由功率表测定，流体温度由热电阻测量。

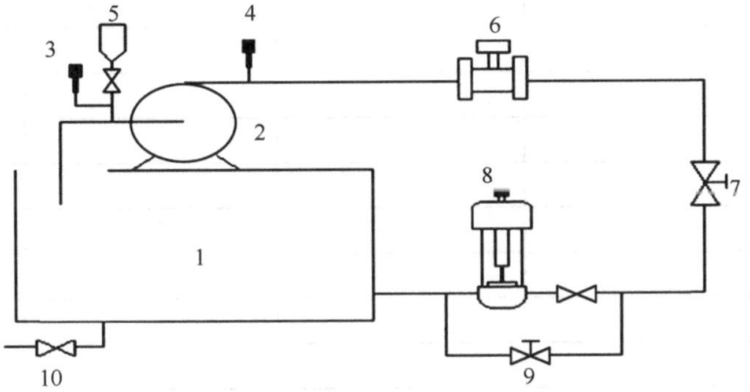

图 5-11　离心泵特性曲线测定实验流程图

1. 水箱；2. 离心泵；3. 泵进口压力传感器；4. 泵出口压力传感器；5. 灌泵口；6. 涡轮流量计；7. 离心泵的管路阀；8. 电动调节阀；9. 旁路闸阀；10. 排水阀

四、实验步骤

（1）清洗水箱，并注入实验用水。给离心泵灌水，排出泵内气体。

（2）检查各阀门开度和仪表自检情况，试开状态下检查电机和离心泵是否正常运转。开启离心泵之前先将出口阀关闭，当泵达到额定转速后方可逐步打开出口阀。

（3）实验时，通过组态软件或仪表逐渐增加电动调节阀的开度以增大流量，待各仪表读数显示稳定后，读取相应数据。离心泵特性实验主要获取实验数据为：体积流量 Q、泵进口压力 p_1、泵出口压力 p_2、电功率表显示值 N'、泵的转速 n、流体温度 t 和两测压点之间的高度差（0.1m）。

（4）测取 10 组左右数据后，可以停泵，同时记录设备的相关数据（如离心泵型号、额定流量、额定转速、扬程和功率等），停泵前先将出口阀关闭。

五、注意事项

（1）一般每次实验前，均需对泵进行灌泵操作，防止离心泵气缚。

（2）启动前应关闭泵的出口阀，但不要在出口阀关闭状态下长时间使泵运转，一般不超过 3min，否则泵中液体循环，使温度升高，易产生气泡，造成泵抽空。

（3）泵运转过程中，勿触碰泵主轴部分，因其高速转动，可能会缠绕并伤害身体接触部位。

（4）注意定期对泵进行保养，防止叶轮被固体颗粒损坏。

六、实验数据记录及处理

装置编号：______；离心泵型号：______；泵进出口两测压点高度差：______m；

流体温度：______℃。

将实验数据填入表 5-16。

表 5-16　离心泵特性曲线测定原始数据记录

实验次数	流量 Q/（m^3/h）	泵进口压力 p_1/kPa	泵出口压力 p_2/kPa	电功率表显示值 N' /kW

根据实验原理部分的公式，计算各流量下泵的扬程、轴功率和效率，并填在表 5-17 中。

表 5-17　离心泵特性曲线测定数据处理结果

实验次数	流量 Q/（m^3/h）	扬程 H/m	轴功率 N/kW	效率 η/%

七、思考题

（1）启动离心泵之前为什么要加水灌泵？如果灌泵后依然无法启动，可能的原因是什么？

（2）为什么用泵的出口阀调节流量？这种方法有什么优缺点？是否还有其他方法调节流量？

（3）泵启动后，出口阀如果不开，压力表读数是否会逐渐上升？

（4）用清水泵输送密度为 1200kg/m^3 的盐水，在相同流量下轴功率是否变化？

（5）离心泵特性曲线测定过程中 $Q=0$ 的点不可丢，为什么？

（6）离心泵的特性曲线是否与连接的管路系统有关？

（7）为什么应选择在离心泵的高效率区操作？

（8）扬程的物理意义是什么？

（9）泵的效率为什么达到最高之后又下降？

（10）离心泵调节流量方法中经济性最差的是（　　）调节。

A. 节流　　B. 回流　　C. 变速　　D. 视具体情况而定

（11）当离心泵内充满空气时，将发生气缚现象，这是因为（　　）。

A. 气体的黏度太小　　B. 气体的密度太小

C. 气体比液体更容易起旋涡　　D. 气体破坏了液体的连续性

（12）从所测定的特性曲线中分析，以下哪项措施可以最有效地增大该泵的流量范围？（　　）

A. 增加管路直径　　B. 增大出口阀开度

C. 增大泵的转速　　D. 减小泵的转速

（13）离心泵的液体是由以下哪种方式流入流出的？（　　）

A. 径向流入，轴向流出　　B. 轴向流入，径向流出

C. 轴向流入，轴向流出　　D. 径向流入，径向流出

（14）以下哪项不属于离心泵的优点？（　　）

A. 结构简单，易操作　　B. 流量大，流量均匀

C. 输送的液体黏度范围广　　D. 有自吸能力

（15）随着流量增大，泵的压力表及真空表的读数变化为（　　）。

A. 压力表读数增大，真空表读数增大　　B. 压力表读数减小，真空表读数减小

C. 压力表读数减小，真空表读数增大　　D. 压力表读数增大，真空表读数减小

（16）某同学进行离心泵特性曲线测定实验，启动泵后，出水管不出水，泵进口处真空表指示真空度很高，他对故障原因作出了正确判断，排除了故障，你认为是以下可能的原因中哪一个?（　　）

A. 水温太高　　B. 真空表坏了　　C. 吸入管路堵塞　　D. 排出管路堵塞

实验七　恒压过滤常数的测定

一、实验目的

（1）学习并掌握应用数学模型法处理工程实际问题的研究方法。

（2）熟悉板框压滤机的构造和过滤、洗涤的操作方法。

（3）通过恒压过滤实验，验证过滤基本理论。

（4）学会测定过滤常数 K、q_e、θ_e 及压缩指数 s 的方法，加深对 K、q_e、θ_e、s 概念和影响因素的理解。

（5）了解过滤压力对过滤速率的影响。

二、实验原理

过滤是分离固、液非均相混合物最常用的方法，它是利用某种多孔性的物质作为过滤介质，在外力作用下，悬浮液中的液体通过固体颗粒层及多孔介质的孔道而固体颗粒被截留下来形成滤渣层，实现固、液分离。当过滤分离悬浮液时，将待分离的悬浮液称为滤浆，通过过滤介质得到的清液称为滤液，截留在过滤介质上的颗粒层称为滤饼。过滤的推动力有重力、压力和离心力。

过滤介质是用来截留非均相混合物中的固体颗粒的多孔性物质，常用的有织物介质（如滤布）、多孔固体介质（素烧陶瓷、烧结金属等）、堆积介质（木炭、石棉粉等）、多孔膜（由高分子材料制成）等。

常见的过滤设备有板框压滤机、叶滤机、回转真空过滤机等，新型的过滤设备有板式密闭过滤机、卧式密闭过滤机、排渣过滤机和水平纸板精滤机等。

工业上过滤的基本方式有两种：滤饼过滤和深层过滤。滤饼过滤时，固体颗粒在过滤介质的表面积累，在很短的时间内发生架桥现象，不断沉积的滤饼层也起到了过滤介质的作用，颗粒在滤层表面被拦截下来。而在深层过滤中，固体颗粒在过滤介质的孔隙内被截留，分离过程发生在过滤介质的内部，在过滤介质的表面无固体颗粒层形成。

过滤操作本质上是流体通过固体颗粒层的流动，随着过滤的进行固体颗粒层的厚度不断增加，故在恒压过滤操作中，过滤速率不断降低。

过滤速率 u 定义为单位时间单位过滤面积内通过过滤介质的滤液量，即

$$u=\frac{\mathrm{d}V}{A\mathrm{d}\theta}=\frac{\mathrm{d}q}{\mathrm{d}\theta} \tag{5-36}$$

式中：u 为过滤速率，m/s；θ 为过滤时间，s；V 为 θ 时间通过过滤介质的滤液的体积，$\mathrm{m^3}$；A 为过滤面积，$\mathrm{m^2}$；q 为通过单位面积过滤介质的滤液体积，$q=\frac{V}{A}$，$\mathrm{m^3/m^2}$。

影响过滤速率的主要因素除过滤推动力（压差）Δp、滤饼厚度 L 外，还有滤饼和悬浮液的性质、悬浮液温度、过滤介质的阻力等。

将流体经过固定床的流动与过滤过程比较可知，过滤速率即为流体通过固定床的表观速度 u。同时，流体在细小颗粒构成的滤饼空隙中的流动属于低雷诺数范围，因此可利用流体通过固定床压降的简化模型，寻求滤液量与时间的关系，运用层流时康采尼公式推导出过滤速率计算式

$$u=\frac{A\Delta p^{1-s}}{\mu r'v(V+V_{\mathrm{e}})}=\frac{\Delta p^{1-s}}{\mu r'v(q+q_{\mathrm{e}})} \tag{5-37}$$

式中：V_{e} 为当量滤液的体积，$\mathrm{m^3}$；q_{e} 为通过单位面积过滤介质的当量滤液体积，$q_{\mathrm{e}}=\frac{V_{\mathrm{e}}}{A}$，$\mathrm{m^3/m^2}$；$\Delta p$ 为过滤的压差，Pa；s 为滤饼的压缩指数；μ 为滤液的黏度，Pa · s；v 为 $1\mathrm{m^3}$ 滤液所形成滤饼的体积，$\mathrm{m^3}$；r' 为单位压差下滤饼的比阻，$\mathrm{m^{-2}}$。

$$r' = r\Delta p^{-s}$$

式中：r 为滤饼的比阻，m^{-2}。

$$r = \frac{5a^2(1-\varepsilon)^2}{\varepsilon^3}$$

式中：a 为固体颗粒的比表面积，m^3/m^2；ε 为床层的空隙率。

对于一定的悬浮液，在恒温、恒压下过滤时，μ、r'、v、s 和 Δp 都恒定，为此令

$$K = \frac{2\Delta p^{1-s}}{\mu r' v} \tag{5-38}$$

式中：K 为过滤常数，由物料特性及过滤压差决定，m^2/s。

于是，式（5-37）可改写为

$$\frac{dq}{d\theta} = \frac{K}{2(q+q_e)} \tag{5-39}$$

即

$$\frac{dV}{d\theta} = \frac{KA^2}{2(V+V_e)} \tag{5-40}$$

根据积分的边界条件：

过滤时间	滤液体积
$0 \rightarrow \theta_e$	$0 \rightarrow V_e$
$\theta_e \rightarrow \theta + \theta_e$	$V_e \rightarrow V + V_e$

其中：θ_e 为虚拟过滤时间，相当于得到当量滤液体积 V_e 所需的时间，s。则

$$\int_0^{V_e} (V+V_e)\,dV = \frac{KA^2}{2}\int_0^{\theta_e} d\theta$$

$$\int_{V_e}^{V_e+V} (V+V_e)\,dV = \frac{KA^2}{2}\int_{\theta_e}^{\theta_e+\theta} d\theta$$

上述两式积分可得

$$V_e^2 = KA^2\theta_e \tag{5-41}$$

$$V^2 + 2VV_e = KA^2\theta \tag{5-42}$$

将式（5-41）和式（5-42）相加，得

$$(V+V_e)^2 = KA^2(\theta+\theta_e) \tag{5-43}$$

由于 $q = \dfrac{V}{A}$、$q_e = \dfrac{V_e}{A}$，故式（5-43）也可写成

$$(q+q_e)^2 = K(\theta+\theta_e) \tag{5-44}$$

将式（5-44）微分，得

$$2(q+q_e)\,dq = K d\theta \tag{5-45}$$

将式（5-45）写成差分的形式，则

$$\frac{\Delta\theta}{\Delta q}=\frac{2\overline{q}}{K}+\frac{2q_e}{K} \tag{5-46}$$

式中：Δq 为每次测定得到的单位过滤面积的滤液体积，m^3/m^2；$\Delta\theta$ 为每次测定得到单位过滤面积的滤液体积 Δq 所对应的时间，s；$\overline{q}$ 为相邻两个 q 值的平均值，m^3/m^2。

以 $\frac{\Delta\theta}{\Delta q}$ 为纵坐标，$\overline{q}$ 为横坐标，将式（5-46）标绘成一条直线，可得该直线的斜率为 $\frac{2}{K}$，截距为 $\frac{2}{K}q_e$。θ_e 则由式（5-47）计算得到

$$\theta_e=\frac{q_e^2}{K} \tag{5-47}$$

改变过滤压差 Δp，可测得不同的 K 值，对 K 的定义式[式（5-38）]两边取对数得

$$\lg K=(1-s)\lg\Delta p+\lg\frac{2}{\mu r'v} \tag{5-48}$$

在实验压差范围内，若 $\lg\frac{2}{\mu r'v}$ 为常数，则 $\lg K$ 与 $\lg\Delta p$ 具有线性关系，在直角坐标中是一条直线，直线的斜率为 $1-s$，从而求出滤饼压缩指数 s。

三、实验装置与流程

本实验装置主体采用不锈钢材料，主要由空气压缩机、配料罐、压力罐、清水罐、板框压滤机、智能仪表上位控制系统及数据处理软件等组成，如图 5-12 所示。

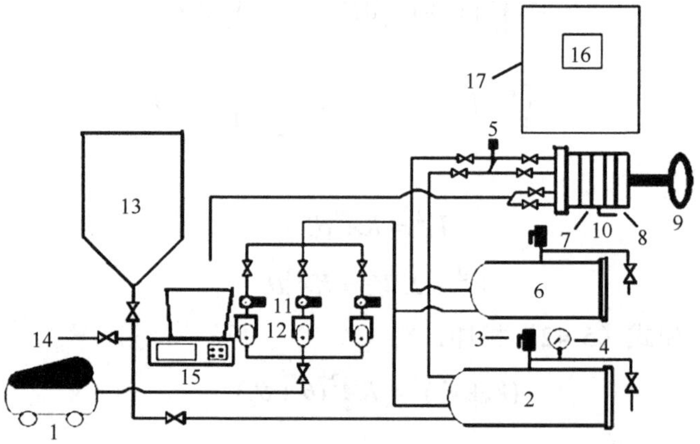

图 5-12　恒压过滤装置图

1. 空气压缩机；2. 压力罐；3. 安全阀；4. 压力表；5. 压力传感器；6. 清水罐；7. 滤框；8. 滤板；9. 手轮；10. 切换阀；11. 定值调压阀；12. 电磁阀；13. 配料罐；14. 地沟；15. 电子天平；16. 压力显示器；17. 控制柜

配料罐和过滤料浆压力罐都利用了压缩空气吹动搅拌物料。过滤压力通过压力调节阀控制，滤液量测量采用电子天平自动测量装置，在一组实验中，可自动采样测量滤液量数据。系统实验完成后可把压力罐内的余料返回配料罐内，可保证压力罐清洁、无积料堵塞。

在配料罐中配制一定浓度的碳酸钙悬浮液，利用位差送入压力罐，用压缩空气搅拌

使碳酸钙不沉降，同时利用压缩空气将滤浆压入板框压滤机过滤，滤液流入水桶由电子天平计量。压缩空气通过压力罐上的放空管路放空。板框压滤机框的厚度为 25mm，每框的过滤面积为 0.011m^2，框的数目为 6，板的数目为 7。空气压缩机规格型号：风量 0.06m^3/min，最大气压 0.8MPa。

四、实验步骤

1. 实验前的准备

1）通信

用 232 通信线将电子天平和计算机连接，用 485 通信线将仪表控制柜和计算机连接，再打开仪表控制柜的空开和电子天平的电源开关。启动计算机，打开 MCGS 软件，进入数字型恒压过滤操作界面。检查控制柜上仪表显示的板框压力与计算机操作界面上的板框压力是否一致，现场电子天平上显示的质量和计算机操作界面上是否一致。一致后进行下步操作，否则查线，直到显示一致为止。

2）配料

将配料罐底部的阀门关闭，向配料罐内加水到标尺刻度的 50cm 左右，再将事先用天平称量的碳酸钙加入，配制浓度为 8%～15%（质量分数）的碳酸钙-水悬浮液。

3）搅拌

盖上配料罐的顶盖。打开系统总进气阀，启动空气压缩机，将压缩空气通入配料罐（空气压缩机的出口球阀保持半开），再打开配料罐出料阀，缓慢开启配料罐进气阀（操作要缓慢，防止气体压力过大而喷浆），使配料罐内的碳酸钙悬浮液搅拌均匀。

4）设定压力

依次打开进入压力罐的三路阀门，从空气压缩机过来的压缩空气经各调节阀分别设定实验操作压力，建议为 0.1MPa、0.2MPa 和 0.3MPa，最大值不得超过 0.4MPa。在设定调节阀压力时，压力罐泄压阀可稍微打开。

5）装板框

正确装好滤板、滤框及滤布。滤布使用前用水浸湿，滤布要绷紧，不能起皱，滤布紧贴滤板，密封垫紧贴滤布。用螺旋压紧时，千万不要把手指压伤，先慢慢转动手轮使板框合上，再压紧。

6）灌清水

打开清水罐上的放空阀，通过进水阀向清水罐内通入自来水至液面达视镜高度 2/3 左右即可关闭阀门，停止进水。

7）灌料

先打开压力罐放空阀，再打开配料罐出料阀、压力罐进料阀，利用高位输送原理将料浆自动输送到压力罐，当液面到达视镜高度 2/3 左右时，将进料阀关闭。

2. 过滤过程

1）鼓泡

稍微打开压力罐放空阀，选择实验压力（一般从低到高），打开相应压力罐进气阀、压力调节阀，向压力罐内通入压缩空气，使压力罐内料液搅拌均匀。切记不要喷浆。

2）过滤

先把洗涤板板下的切换阀打开，再打开压力罐出料阀、板框滤液出口阀，然后打开出板框后清液出口球阀。此时，控制柜上仪表显示板框过滤压力。把水桶放到电子天平上，并按下电子天平上的“去皮”按钮，电子天平显示为零。待过滤压力稳定时，打开板框进料阀，并点击操作界面上“开始实验”按钮，用电子天平上的桶收集板框滤液出口流出的滤液。待过滤体积约 800mL 时，采集一次数据，并记录相应的过滤时间 $\Delta\theta$。每个压力下，测量 8～10 组数据即可停止实验。如果要得到干而厚的滤饼，则必须做到每个压力下没有清液流出为止。

一个恒压过滤实验结束后，可转做更高压力下的实验。若配料罐内有足够下一恒压操作的料液，可以直接进行实验。否则，利用滤液洗涤滤饼和滤布，并将洗涤后的滤液重新倒入料浆桶内搅拌配料，进入下一个压力实验。

3. 清洗过程

（1）关闭板框过滤的进、出阀门和洗涤板下的切换球阀，稍微打开清水罐上的放空阀，打开清水罐进气阀，向罐内充压。

（2）打开清水罐出水阀、板框清水出口阀，此时控制柜上仪表显示清洗压力。待压力稳定后，打开板框清水进口阀，清洗液从板框清水出口阀流出。清洗液流速比同压力下过滤速率小很多。

（3）清洗液流动时间约 1min，或者根据流出液的浑浊变化情况判断清洗程序是否结束。一般物料可不进行清洗过程。清洗结束后，关闭清洗液进、出板框的阀门，关闭清水罐进气阀。

4. 实验结束

（1）先关闭空气压缩机出口球阀，再关闭空气压缩机电源。

（2）打开压力罐进料阀，利用压力罐的余压，将罐内剩余的料液压回配料罐内。

（3）依次打开压力罐放空阀和清水罐放空阀，对压力罐和清水罐泄压。

（4）冲洗滤框、滤板和滤布。注意滤布不要折，应当用刷子刷洗。

（5）分别打开压力罐、清水罐的排净阀，将两个罐内物料排净，再用清水冲洗干净。

五、注意事项

（1）熟悉实验设备流程，特别是压缩空气的流程及控制、料浆在配料罐和压力罐间的互相转移流程及控制，方便正确操作。熟悉操作方法，做好人员分工，各负其责，互相配合。

（2）碳酸钙-水悬浮液的浓度要适中，不能太高，也不能太低。

（3）利用压缩空气对料液进行搅拌时，配料罐进气阀不能开得过大，且操作时要慢慢打开，防止喷料。

（4）安装板、框时，一定要注意顺序，板、框之间的密封垫要放正，并注意方向。

用摇柄把板、框尽可能地压紧，避免漏液。

（5）刚开始实验时，宜先采用小的过滤压差进行实验。

（6）在不同压差下进行过滤实验，应尽量维持料浆的浓度恒定不变。

（7）每次滤液及滤饼均收集在小桶内，滤饼弄细后重新倒入配料罐内，实验结束后要冲洗滤框、滤板及滤布，滤布不要折，应用刷子刷洗干净。

（8）实验结束后，要将压力罐内剩余的料液压回配料罐内，并用清水冲洗干净，防止堵塞阀门。

六、实验数据记录及处理

装置编号：______；过滤面积：______m^2；过滤的体系：______。

将实验数据和处理结果填入表 5-18 和表 5-19。

表 5-18　恒压过滤实验原始数据记录

实验次数	Δp=0.10MPa		Δp=0.15MPa		Δp=0.20MPa	
	ΔV/mL	$\Delta\theta$/s	ΔV/mL	$\Delta\theta$/s	ΔV/mL	$\Delta\theta$/s

表 5-19　恒压过滤实验数据处理结果

实验次数	Δq/（m^3/m^2）	$\frac{\Delta\theta}{\Delta q}$ /（s/m）	$\bar{q}$ /（m^3/m^2）	K/（m^2/s）	q_e/（m^3/m^2）

七、计算示例

1. 过滤常数 K 的求取

以 $\Delta p=0.1\text{MPa}$ 时的一组数据为例：设过滤面积 $A=0.048\text{m}^2$，$\Delta V_1=637\times10^{-6}\text{m}^3$，$\Delta\theta_1=31.98\text{s}$，$\Delta V_2=630\times10^{-6}\text{m}^3$，$\Delta\theta_2=35.67\text{s}$，则

$$\Delta q_1=\frac{\Delta V_1}{A}=\frac{637\times10^{-6}}{0.048}=0.0133\ (\text{m}^3/\text{m}^2)$$

$$\Delta q_2=\frac{\Delta V_2}{A}=\frac{630\times10^{-6}}{0.048}=0.0131\ (\text{m}^3/\text{m}^2)$$

$$\frac{\Delta\theta_1}{\Delta q_1}=\frac{31.98}{0.0133}=2405\ (\text{s/m})$$

$$\frac{\Delta\theta_2}{\Delta q_2}=\frac{35.67}{0.0131}=2723\ (\text{s/m})$$

$$q_0=0(\text{m}^3/\text{m}^2)$$

$$q_1=q_0+\Delta q_1=0.0133(\text{m}^3/\text{m}^2)$$

$$q_2=q_1+\Delta q_2=0.0264(\text{m}^3/\text{m}^2)$$

$$\overline{q}_1=\frac{1}{2}(q_0+q_1)=0.00665\ (\text{m}^3/\text{m}^2)$$

$$\overline{q}_2=\frac{1}{2}(q_1+q_2)=0.0198\ (\text{m}^3/\text{m}^2)$$

依此算出全部 $\dfrac{\Delta\theta}{\Delta q}$ 及 $\overline{q}$。

在直角坐标系中绘制 $\dfrac{\Delta\theta}{\Delta q}$-$\overline{q}$ 的关系曲线，如图 5-13 所示，从图中分别读出斜率和截距，即可求得 K。不同压力下的 K 值列在表 5-20 中。

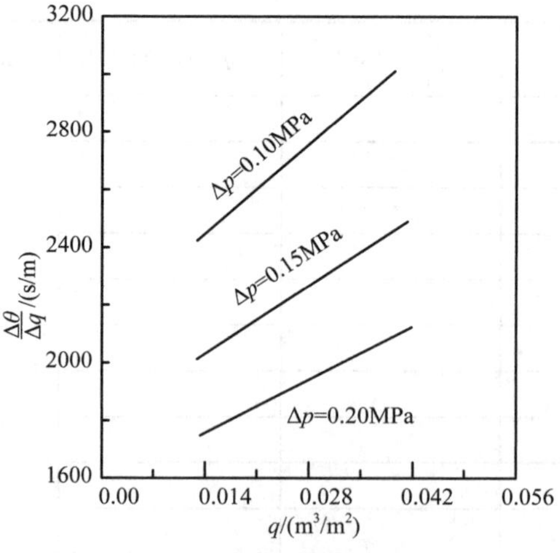

图 5-13　$\dfrac{\Delta\theta}{\Delta q}$-$\overline{q}$ 的关系曲线

表 5-20　不同压力下的 K 值

Δp/MPa	K/（m^2/s）
0.10	8.524×10^{-5}
0.15	1.191×10^{-4}
0.20	1.486×10^{-4}

2. 滤饼压缩指数 s 的求取

将不同压力下测得的 K 值作 $\lg K$ - $\lg\Delta p$ 曲线，如图 5-14 所示，根据式（5-48）可知，从图中读出的斜率即为 $1-s$，从而可计算得 $s=0.198$。

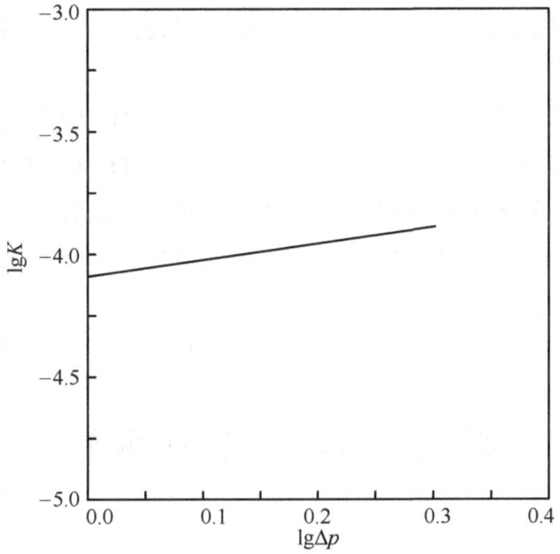

图 5-14　$\lg K$-$\lg\Delta p$ 的关系曲线

八、思考题

（1）板框压滤机的优缺点是什么？适用于什么场合？

（2）板框压滤机的操作分为哪几个阶段？

（3）分析过滤速度和过滤速率之间的区别。

（4）为什么过滤开始时，滤液常有点浑浊，过滤一段时间后滤液才逐渐变清？

（5）如果滤液的黏度较大，可以采取什么措施来增大过滤速率？

（6）影响过滤速率的主要因素有哪些？当在某一恒压下测得 K 值后，若将过滤压力提高 1 倍，则 K 值有何变化？

（7）过滤的推动力为（　　）。

A. 液体两侧压差　　B. 滤饼两侧压差

C. 介质两侧压差　　D. 介质和滤饼两侧压差之和

（8）如果滤布没有清洗干净，则所测得的 q_e 值（　　）。

A. 无法确定　B. 没有影响　C. 偏小　D. 偏大

（9）在本实验中，液体在滤饼内的细微孔道中的流动属于（　　）。

A. 湍流　B. 层流　C. 过渡流　D. 无法确定

（10）恒压过滤时，如滤饼不可压缩，介质阻力可略，当操作压差增大 1 倍，其他条件不变时，则滤液的体积为原来的（　　）。

A. 2　B. $\sqrt{2}$　C. $\frac{1}{2}$　D. $\frac{\sqrt{2}}{2}$

（11）板框压滤机的洗涤速率与最终过滤速率之比为（　　）（设压差及黏度均不变）。

A. $\frac{1}{4}$　B. $\frac{1}{2}$　C. 4　D. 1

（12）板框压滤机板、框按（　　）的顺序排列组成。

A. 12321　B. 112233　C. 123123　D. 132132

（13）板框压滤机中（　　）。

A. 框有两种不同的构造　B. 板有两种不同的构造

C. 框和板都有两种不同的构造　D. 板和框都只有一种构造

（14）用叶滤机在压差为 0.5atm 下恒压过滤某悬浮物，其温度为 10℃，过滤 1h 可得滤液 10m^3，介质阻力不计，若将悬浮液加热至 40℃，其黏度只有原来的一半，其他条件不变，则过滤 1h 可得滤液（　　）m^3。

A. 10　B. 14.1　C. 20　D. 0.5

实验八　气-气列管换热实验

一、实验目的

（1）掌握列管式换热器的结构和工作原理。

（2）熟悉气-气列管换热实验装置的流程及使用方法。

（3）掌握有关传热过程的计算，包括传热量、平均温差和总传热系数等的计算。

（4）测定不同流速下的总传热系数 K，分析影响 K 的主要因素，并与经验值进行比较。

（5）掌握并流传热和逆流传热的特征。

（6）分析影响实验结果准确性的因素和实验过程中存在的问题。

二、实验原理

1. 换热基本原理

在工业生产过程中，多数情况下，冷、热流体是通过固体壁面（传热元件）进行热量交换的，这种传热方式称为间壁式换热，如图 5-15 所示。间壁式换热过程由热流体对固体壁面的对流传热、固体壁面的热传导和固体壁面对冷流体的对流传热三部分组成。

当达到传热平衡时，则有

$$Q = W_h c_{ph}(T_1 - T_2) = W_c c_{pc}(t_2 - t_1) = KA\Delta t_m \quad (5\text{-}49)$$

式中：Q 为传热速率，J/s；W_h 为热流体的质量流量，kg/s；c_{ph} 为热流体的定压比热容，J/（kg·℃）；T_1 为热流体的进口温度，℃；T_2 为热流体的出口温度，℃；W_c 为冷流体的质量流量，kg/s；c_{pc} 为冷流体的定压比热容，J/（kg·℃）；t_1 为冷流体的进口温度，℃；t_2 为冷流体的出口温度，℃；A 为传热面积，m²；K 为以传热面积 A 为基准的总传热系数，W/（m²·℃）；Δt_m 为冷、热流体的对数平均温差，℃。

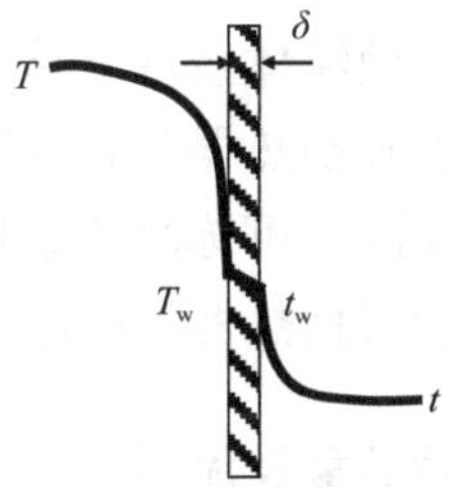

图 5-15　间壁式传热过程示意图

T 为热流体的温度，℃；T_w 为热流体一侧固体壁面的温度，℃；t 为冷流体的温度，℃；t_w 为冷流体一侧固体壁面的温度，℃

如果是逆流换热，则热、冷流体间的对数平均温差可由式（5-50）计算得到：

$$\Delta t_m = \frac{(T_1 - t_2) - (T_2 - t_1)}{\ln \dfrac{T_1 - t_2}{T_2 - t_1}} \quad (5\text{-}50)$$

如果是并流换热，则热、冷流体间的对数平均温差可由式（5-51）计算得到：

$$\Delta t_m = \frac{(T_1 - t_1) - (T_2 - t_2)}{\ln \dfrac{T_1 - t_1}{T_2 - t_2}} \quad (5\text{-}51)$$

列管式换热器的换热面积可由式（5-52）算得到：

$$A = n\pi dL \quad (5\text{-}52)$$

式中：d 为列管直径（因本实验为冷、热气体强制对流换热，各列管本身的导热可忽略，所以 d 取列管内径）；L 为列管长度，m；n 为列管根数。

由此可得换热器的总传热系数

$$K = \frac{Q}{A\Delta t_m} \quad (5\text{-}53)$$

在本实验中，Q 按冷流体空气实际获得的热量进行计算，即

$$Q = \rho_2 V_{s2} c_{pc}(t_2 - t_1) \quad (5\text{-}54)$$

通过式（5-54），将冷流体空气的质量流量 W_c 转换为密度 ρ_2（kg/m³）和体积流量 V_{s2}（m³/s）等可测算的量。由于 V_{s2} 是冷流体空气在进口条件下的体积流量，因此 ρ_2 也应取此条件下的密度，其值需根据冷流体空气的进口温度（而非定性温度）查表确定。

2. 列管式换热器

列管式（又称管壳式）换热器是最典型的间壁式换热器，它在工业上的应用有着悠久的历史，而且至今仍占据着主导地位。

列管式换热器主要由壳体、管束、管板和封头等部分组成，流体在管内每通过管束一次称为一个管程，每通过壳体一次称为一个壳程。为提高管外流体对流给热系数，通

常在壳体内安装一定数量的横向折流挡板。折流挡板不仅可防止流体短路，增加流体速度，还迫使流体按规定路径多次错流通过管束，增加湍动程度。

列管式换热器具有以下优点：①单位体积设备所能提供的传热面积大，传热效果好；②结构坚固，可选用的结构材料范围宽广；③操作弹性大，大型装置中普遍采用。

列管式换热器根据结构可分为：①固定管板式；②浮头式；③U 形管式。

三、实验装置及流程

本实验装置如图 5-16 所示，采用冷空气与热空气体系进行对流换热。热流体由风机 1 经过玻璃转子流量计进入加热管预热，测定温度后进入列管换热器管内，出口也经温度测定后直接排出。冷流体由风机 1 吸入并经孔板流量计测量后，由温度计测定其进口温度，并由闸阀 f_1、f_2、f_3、f_4 选择逆流或并流传热形式，即闸阀 f_3、f_4 打开为逆流换热，闸阀 f_1、f_2 打开为并流换热。冷流体的流量通过变频器调节，热流体的流量由鼓风机的旁路阀调节。

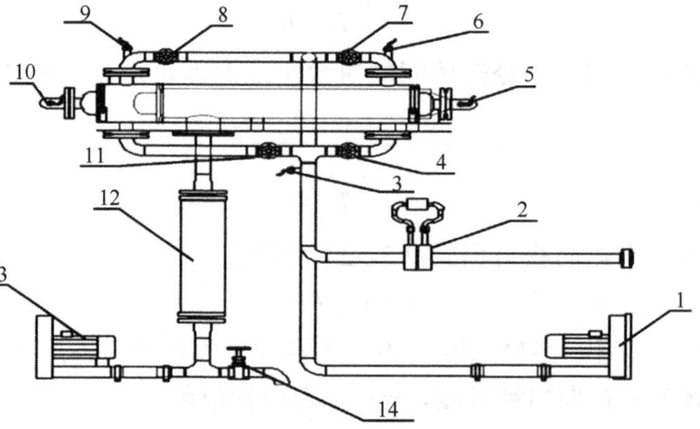

图 5-16　气-气列管换热实验流程图

1. 风机（冷流体管路，该风机为抽风机）；2. 孔板流量计连接压差变送器；3. 冷流体进口温度 t_1；4. 并流换热形式进口闸阀 f_1；5. 热流体进口温度 T_1；6. 逆流换热冷流体出口温度 t_2；7. 逆流换热形式出口闸阀 f_4；8. 并流换热形式出口闸阀 f_2；9. 并流换热冷流体出口温度 t_2'；10. 热流体出口温度 T_2；11. 逆流换热形式进口闸阀 f_3；12. 玻璃转子流量计；13. 风机（热流体管路）；14. 风机旁路阀

四、实验步骤

（1）打开装置总电源开关、仪表开关，待各仪表温度自检显示正常后进行下步操作。

（2）打开热流体风机的出口旁路阀，启动热流体风机，再调节旁路阀门到适合的实验流量。热流体流量一般取 60～80m^3/h，整个实验过程中保持恒定。

（3）开启加热开关，通过 C1000 仪表调节加热电压到一恒定值。例如，在室温 20℃左右，热流体风量 70m^3/h，一般调节加热电压为 150V，经约 30min 后，热流体进口温度可恒定在 70℃左右。然后进行如下操作。

（a）在恒定流量下，待热流体的进口温度不变后，启动风机 1，通过 C1000 仪表调节风量。

（b）打开相应的闸阀，如闸阀 f_3、f_4 打开为逆流换热，闸阀 f_1、f_2 打开为并流换热，选择换热方式。

（c）通过变频器调节冷流体的流量，在 10～60m^3/h 选取 5～6 个点作为工作点进行实验数据的测定。

（d）在某一流量下，如冷、热流体的四个温度（T_1、T_2、t_1、t_2）相对恒定后，可认为换热过程达到平衡，记录冷、热流体的流量和温度，即完成换热实验的一组数据的测定。随后，改变冷流体的风量，待换热平衡后记录另一组实验数据。

（4）实验结束，应先关闭加热器电源、冷风机电源，待各温度显示至室温后，再关闭热风机和其他电源。

五、注意事项

（1）列管式换热器工作温度（热风进口温度）宜为 60～100℃，切勿超温使用，防止损坏列管。

（2）开始实验时，先由热风机向换热器中通冷风，再打开空气加热器电源；实验结束后，先关闭加热器电源、冷风机电源，待热风机继续工作几分钟，当温度降为室温时再关闭热风机电源。

（3）当热流体的进口温度不变后，才能启动冷风机。

（4）每测试一组数据，最好重复数次。当测得的流量和各点温度数值恒定后，表明过程已达到稳定状态。

六、实验数据记录及处理

装置编号：______；列管的数目：______；列管的长度：______；列管的规格：______。

将实验数据和处理结果填入表 5-21～表 5-23。

表 5-21　气-气列管换热实验原始数据记录

序号	并流温度/℃				逆流温度/℃				冷风流量/（m^3/h）	
	冷流体		热流体		冷流体		热流体			
	进口	出口	进口	出口	进口	出口	进口	出口	并流	逆流

表 5-22　并流换热数据处理结果

序号	传热速率 Q/W	传热面积 A/m^2	传热平均温差 Δt_m/K	总传热系数 $K/[W/(m^2 \cdot K)]$

表 5-23　逆流换热数据处理结果

序号	传热速率 Q/W	传热面积 A/m^2	传热平均温差 Δt_m/K	总传热系数 K/[W/（m^2·K）]

七、计算示例

1. 并流传热

冷流体流量：$V_{s2} = 20\text{m}^3/\text{h}$

热流体进、出口温度：$T_1 = 70.0℃$，$T_2 = 52.1℃$

冷流体进、出口温度：$t_1 = 12.8℃$，$t_2 = 38.0℃$

则 $\Delta t_1 = T_1 - t_1 = 57.2℃$，$\Delta t_2 = T_2 - t_2 = 14.1℃$，传热面积：$A = 0.3266\text{m}^2$

所以对数平均温差：

$$\Delta t_m = \frac{\Delta t_1 - \Delta t_2}{\ln \frac{\Delta t_1}{\Delta t_2}} = \frac{57.2 - 14.1}{\ln \frac{57.2}{14.1}} = 30.8 = 30.8（℃）$$

传热速率：

$$Q = V_{s2} \times \rho_2 \times c_{pc} \times (t_2 - t_1) = \frac{20}{3600} \times 1.23 \times 1005 \times (38.0 - 12.8) = 173.1\ (\text{W})$$

则传热系数：

$$K = \frac{Q}{A\Delta t_m} = \frac{173.1}{0.3266 \times 30.8} = 17.2\ [\text{W}/（\text{m}^2 \cdot ℃）]$$

2. 逆流传热

冷流体流量：$V_{s2} = 20\text{m}^3/\text{h}$

热流体进、出口温度：$T_1 = 70.0℃$，$T_2 = 53.9℃$

冷流体进、出口温度：$t_1 = 13.8℃$，$t_2 = 41.3℃$

则 $\Delta t_1 = T_1 - t_2 = 28.7℃$，$\Delta t_2 = T_2 - t_1 = 40.1℃$，传热面积：$A = 0.3266\text{m}^2$

所以对数平均温差：

$$\Delta t_m = \frac{\Delta t_1 - \Delta t_2}{\ln \frac{\Delta t_1}{\Delta t_2}} = \frac{28.7 - 40.1}{\ln \frac{28.7}{40.1}} = 34.1（℃）$$

传热速率：

$$Q = V_{s2} \times \rho_2 \times c_{pc} \times (t_2 - t_1) = \frac{20}{3600} \times 1.22 \times 1005 \times (41.3 - 13.8) = 187.3\ \text{(W)}$$

则传热系数：

$$K = \frac{Q}{A\Delta t_m} = \frac{187.3}{0.3266 \times 34.1} = 16.8\ [\text{W/（m·℃）}]$$

八、思考题

（1）如何判断传热过程已达到平稳状态？

（2）实验中哪些因素影响实验的稳定性？

（3）逆流换热与并流换热有什么不同？

（4）其他条件不变，只改变管内介质的流动方向，总传热系数 K 如何变化？

（5）影响传热系数 K 的因素有哪些？如何强化传热过程？

（6）传热有哪几种基本方式？各自的特点是什么？

（7）工业生产中常见的换热器有哪些类型？

（8）下列属于传热基本形式有（　　）。

A. 间壁换热　　B. 混合换热　　C. 辐射

（9）间壁换热时，壁温总是（　　）。

A. 接近温度高的流体　　B. 接近温度低的流体　　C. 接近给热系数大的流体

（10）下列温度中，哪个作为确定物性参数的定性温度？（　　）

A. 介质的入口温度　　B. 介质的出口温度　　C. 蒸气温度

D. 介质入口和出口温度的平均值　　E. 壁温

（11）其他条件不变，如果管内流体的流速增大，则该流体的出口温度（　　）。

A. 升高　　B. 降低　　C. 不变

实验九　填料塔吸收系数的测定

一、实验目的

（1）熟悉填料塔吸收装置的基本结构及流程。

（2）掌握填料塔吸收装置的操作。

（3）掌握总体积传质系数的测定方法。

（4）学会气相色谱仪和六通阀的使用方法。

（5）了解气体空塔速度和喷淋密度对总体积传质系数的影响。

二、实验原理

气体吸收是典型的传质过程之一。由于 CO_2 气体无味、无毒、廉价，所以气体吸收实验常选择它作为溶质组分。本实验采用水为吸收剂吸收空气中的 CO_2。正常情况下 CO_2 在水中的溶解度很小，即使预先将一定量的 CO_2 气体通入空气中，但 CO_2 气体的摩尔分数仍低于 5%，吸收后水中的 CO_2 含量很低，所以吸收的相关计算可按低浓度气体吸收处理，并且此体系中 CO_2 气体的吸收过程属于液膜控制。因此，本实验主要测定以对数平均浓度差 Δx_m 为推动力的液相总体积传质系数 K_xa。

1. 测定方法

1）空气流量和水流量的测定

本实验采用转子流量计测得空气和水的体积流量，然后根据实验条件（温度和压力）及相关公式换算成空气和水的摩尔流量。

2）塔底和塔顶气相浓度的测定

通过气相色谱测定吸收塔塔底和塔顶气相中溶质组分的质量分数 w_1、w_2，再换算成摩尔分数 y_1、y_2。

3）物料衡算

$$V(y_1 - y_2) = L(x_1 - x_2) \tag{5-55}$$

式中：V 为混合气体的摩尔流量，kmol/h；L 为混合液体的摩尔流量，kmol/h；y_1 为塔底入口气相中溶质组分的摩尔分数；y_2 为塔顶出口气相中溶质组分的摩尔分数；x_1 为塔底出口液相中溶质组分的摩尔分数；x_2 为塔顶入口液相中溶质组分的摩尔分数。

如果用清水吸收，则 x_2=0，由全塔物料衡算式（5-55）可计算得到 x_1。

4）平衡关系

气、液两相的平衡关系为

$$y = mx \tag{5-56}$$

式中：m 为相平衡常数。

$$m = \frac{E}{p} \tag{5-57}$$

式中：E 为亨利系数，kPa，$E=f(t)$，根据液相温度查表 5-24 得到；p 为总压，kPa，取 101.325kPa；x 为液相中溶质组分的平衡摩尔分数。

表 5-24　不同温度下 CO_2 在水中的亨利系数

温度/℃	0	5	10	15	20	25	30	35	40	45	50	60
E/×10^5kPa	0.738	0.888	1.05	1.24	1.44	1.66	1.88	2.12	2.36	2.60	2.87	3.46

2. 计算公式

吸收塔填料层高度 Z 为

$$Z = \int_0^Z \mathrm{d}Z = \frac{L}{K_x a \Omega}\int_{x_2}^{x_1}\frac{\mathrm{d}x}{x^* - x} = H_{OL} \cdot N_{OL} \tag{5-58}$$

式中：K_xa 为以 Δx_m 为推动力的液相总体积传质系数，kmol/（m^3·h）；Ω 为填料吸收塔的横截面积，m^2；H_{OL} 为液相总传质单元高度，m；N_{OL} 为液相总传质单元数，无因次。

$$H_{\mathrm{OL}}=\frac{L}{K_x a\Omega} \tag{5-59}$$

$$N_{\mathrm{OL}}=\int_{x_2}^{x_1}\frac{\mathrm{d}x}{x^*-x}=\frac{x_1-x_2}{\Delta x_{\mathrm{m}}} \tag{5-60}$$

其中

$$\Delta x_{\mathrm{m}}=\frac{\Delta x_1-\Delta x_2}{\ln\dfrac{\Delta x_1}{\Delta x_2}}=\frac{(x_1^*-x_1)-(x_2^*-x_2)}{\ln\dfrac{x_1^*-x_1}{x_2^*-x_2}} \tag{5-61}$$

三、实验装置及流程

本实验装置见图 5-17。由自来水源来的水送入填料塔塔顶经喷头喷淋在填料顶层。由风机送来的空气和由二氧化碳钢瓶送来的 CO_2 一起进入气体混合罐，然后进入塔底，与水在塔内逆流接触，进行质量和热量的交换，塔顶出来的尾气放空。由于本实验为低浓度气体的吸收，所以热量交换可忽略，整个实验过程看成是等温操作。

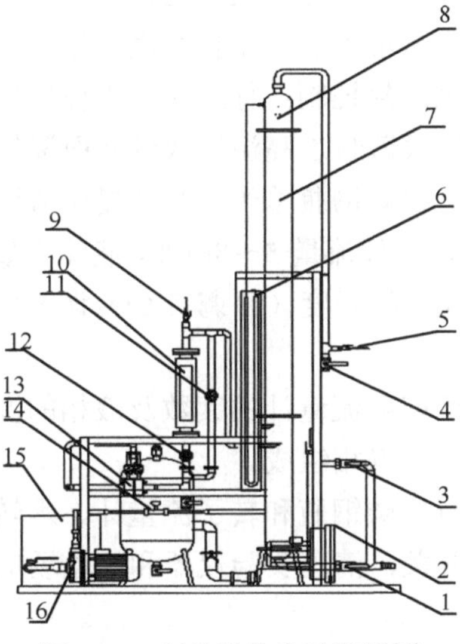

图 5-17　气体吸收实验装置图

1. 液体出口阀 2；2. 风机；3. 液体出口阀 1；4. 气体出口阀；5. 出塔气体取样口；6. U 形管压差计；7. 填料层；8. 塔顶预分布器；9. 进塔气体取样口；10. 玻璃转子流量计；11. 混合气体进口阀 1；12. 混合气体进口阀 2；13. 孔板流量计；14. 涡轮流量计；15. 水箱；16. 水泵

本实验的主要设备如下。

（1）吸收塔：高效填料塔，塔径 100mm，塔内装有金属丝网波纹规整填料，填料层总高度 2000mm。塔顶有液体预分布器，塔中部有液体再分布器，塔底部有栅板式填料支承装置。填料塔底部有液封装置，避免气体泄漏。

（2）填料规格和特性：金属丝网波纹规整填料：型号 JWB-700Y，规格

Φ100mm×100mm，比表面积 700m^2/m。

（3）转子流量计：相关参数见表 5-25。

表 5-25　转子流量计参数

介质	条件			
	常用流量	最小刻度	标定介质	标定条件
CO_2	4L/min	0.7L/min	CO_2	20℃，1.0133×10^{5}Pa

（4）空气风机。

（5）二氧化碳钢瓶。

（6）气相色谱分析仪。

四、实验步骤

（1）首先熟悉实验流程，掌握气相色谱仪及其配套仪器的结构、工作原理、使用方法及注意事项。

（2）打开混合罐底部排空阀，排放掉空气混合储罐中的冷凝水。

（3）打开仪表电源开关及风机电源开关，进行仪表自检。

（4）开启进水阀门，使水从塔顶进入填料塔润湿填料，仔细调节涡轮流量计，使其流量稳定在某一实验值（塔底液封控制：仔细调节液体出口阀的开度，使塔底液位缓慢地在一段区间内变化，以免塔底液封过高溢满或过低而漏气）。

（5）启动风机，打开二氧化碳钢瓶总阀，并缓慢调节钢瓶的减压阀。

（6）手动状态，开度 55%，气体流量 5～8m^3/h，液体流量 0.4～0.6m^3/h，CO_2 流量 3～4L/min。仔细调节风机旁路阀门的开度（并调节 CO_2 调节转子流量计的流量，使其稳定在某一值）。

（7）待塔操作稳定后，读取各流量计的读数及液相的温度，通过六通阀在线进样，使用气相色谱仪分析塔顶、塔底气相组成。

（8）实验完毕，关闭二氧化碳钢瓶和转子流量计、水转子流量计、风机出口阀门，再关闭进水阀门及风机电源开关，清理实验仪器和实验场地。

五、注意事项

（1）调节空气和二氧化碳流量时应注意压力表的变化，缓慢开启。

（2）固定好操作点后，应随时注意调整以保持各量不变。

（3）填料塔操作条件改变后，需要有较长的稳定时间，务必等到稳定以后读取有关数据。

六、实验数据记录及处理

装置编号：______；填料层高度：______m；填料塔内径：______m。

将实验数据和处理结果填入表 5-26 和表 5-27。

表 5-26　填料塔吸收系数测定的原始数据记录

空气的温度/℃			
空气的流量/（m^3/h）			
CO_2 的流量/（L/min）			
水的温度/℃			
水的流量/（m^3/h）			
w_1（质量分数）/%			
w_2（质量分数）/%			

表 5-27　填料塔吸收系数测定的数据处理结果

空气的流量/（kmol/h）			
水的流量/（kmol/h）			
CO_2 的亨利系数 E/kPa			
CO_2 的气液平衡系数 m			
y_1（摩尔分数）/%			
y_2（摩尔分数）/%			
液相传质平均推动力 Δx_m			
液相传质总单元数 N_{OL}			
液相总体积传质系数 K_xa/[kmol/（$m^3 \cdot h$）]			

七、计算示例

已知测得一组实验数据如下：

空气的流量 V=7m^3/h，空气的温度为 20℃，水的流量 L=0.6m^3/h，水的温度为 15℃，w_1=5.8%，w_2=5.4%。

$$y_1 = \frac{\frac{5.8}{44}}{\frac{5.8}{44}+\frac{94.2}{29}} = \frac{0.13}{3.4} = 0.038 \qquad y_2 = \frac{\frac{5.4}{44}}{\frac{5.4}{44}+\frac{94.6}{29}} = \frac{0.12}{3.4} = 0.035$$

$$V=7\text{m}^3/\text{h}=7\times 273/（293\times 22.4）=0.291（\text{kmol/h}）$$

$$L=0.6\text{m}^3/\text{h}=（0.6\times 1000）/18=33.3（\text{kmol/h}）$$

根据 $V(y_1-y_2)=L(x_1-x_2)$ 且 $x_2=0$，得

$$x_1 = \frac{V(y_1-y_2)}{L} = \frac{0.291\times(0.038-0.035)}{33.3} = 2.6\times 10^{-5}$$

水的温度为 15℃，查表 5-24，得 $E=1.24\times 10^5$ kPa，则

$$m = \frac{E}{p_{总}} = \frac{1.24\times 10^5}{101.3} = 1224$$

$$x_1^* = \frac{y_1}{m} = \frac{0.038}{1224} = 3.1\times10^{-5}$$

$$x_2^* = \frac{y_2}{m} = \frac{0.035}{1224} = 2.9\times10^{-5}$$

$$\Delta x_1 = x_1^* - x_1 = 0.5\times10^{-5}$$

$$\Delta x_2 = x_2^* - x_2 = 2.9\times10^{-5}$$

$$\Delta x_{\mathrm{m}} = \frac{\Delta x_1 - \Delta x_2}{\ln\dfrac{\Delta x_1}{\Delta x_2}} = \frac{0.5\times10^{-5} - 2.9\times10^{-5}}{\ln\dfrac{0.5\times10^{-5}}{2.9\times10^{-5}}} = \frac{-2.4\times10^{-5}}{-1.8} = 1.3\times10^{-5}$$

$$N_{\mathrm{OL}} = \frac{x_1 - x_2}{\Delta x_{\mathrm{m}}} = \frac{2.6\times10^{-5} - 0}{1.3\times10^{-5}} = 2.0$$

$$K_x a = \frac{N_{\mathrm{OL}}\times L}{Z\times\Omega} = \frac{N_{\mathrm{OL}}\times L}{Z\times\dfrac{\pi}{4}d^2} = \frac{2.0\times33.3}{2\times0.785\times0.1^2} = 4.2\times10^3\ [\mathrm{kmol/（m^3/h）}]$$

八、思考题

（1）本实验中，为什么塔底要有液封？液封高度如何计算？

（2）测定 $K_x a$ 有什么工程意义？

（3）为什么二氧化碳吸收过程属于液膜控制？

（4）当气体温度和液体温度不同时，应用什么温度计算亨利系数？

（5）填料塔的气、液两相的流动特点是什么？

（6）填料的作用是什么？

（7）关于亨利定律与拉乌尔定律计算应用正确的是（　　）。

A. 吸收计算应用亨利定律　　B. 吸收计算应用拉乌尔定律

C. 精馏计算应用亨利定律　　D. 精馏计算应用拉乌尔定律

（8）传质单元数的物理意义是（　　）。

A. 反映物系分离的难易程度　　B. 仅反映设备效果的好坏

C. 反映相平衡关系和进出口浓度状况　　D. 反映传质速率大小

（9）H_{OG} 的物理意义是（　　）。

A. 反映物系分离的难易程度　　B. 仅反映设备效果的好坏

C. 反映相平衡关系和进出口浓度状况　　D. 反映设备高度

（10）温度 t 和压力 p 对吸收的影响是（　　）。

A. t 增大 p 减小，y_2 增大 x_1 减小　　B. t 减小 p 增大，y_2 减小 x_1 增大

C. t 减小 p 增大，y_2 增大 x_1 减小　　D. t 增大 p 减小，y_2 增大 x_1 增大

（11）液体流速 u 增大，其他条件不变，则 $K_x a$（　　）。

A. 增大　　B. 不变　　C. 减少　　D. 无法判断

实验十　精馏过程分离实验

一、实验目的

（1）掌握精馏工艺的流程及操作控制点。

（2）在规定时间内完成开车准备、开车和停车操作。

（3）掌握精馏操作的方法。通过改变塔顶温度、回流比、采出量等参数，维持精馏正常运行。

（4）了解板式塔的结构，观察塔板上气-液接触状况。

（5）测定全回流时的全塔效率。

（6）正确判断精馏的运行状态，分析引起不正常现象的原因，采取相应措施，排除干扰，恢复正常操作。

二、基本原理

精馏分离是利用混合物中各组分挥发度的不同将混合物进行分离，其中较易挥发、饱和蒸气压大的组分称为轻组分，较难挥发、饱和蒸气压小的组分称为重组分。

加料板把精馏塔分为两段，加料板以上的塔完成上升蒸气的精制，即除去其中的难挥发组分，称为精馏段；加料板以下（包括加料板）的塔完成下降液体中难挥发组分的提浓，除去易挥发组分，称为提馏段。一个完整的精馏塔应包括精馏段和提馏段。

在精馏塔中，再沸器或塔釜产生的蒸气沿塔逐渐上升，来自塔顶冷凝器的回流液从塔顶逐渐下降，气、液两相在塔内实现多次接触，进行传质、传热过程，轻组分上升，重组分下降，使混合液得到一定程度的分离。如果离开某一块塔板（或某一段填料）的气相和液相的组成达到平衡，则该板（或该段填料）称为一块理论塔板或一个理论级。然而，在实际操作的塔板上或一段填料层中，由于气、液两相接触时间有限，气、液相达不到平衡状态，即一块实际操作的塔板（或一段填料层）的分离效果通常达不到一块理论塔板或一个理论级的作用。要想达到一定的分离要求，实际操作的塔板数总要比所需的理论塔板数多，或所需的填料层高度比理论的高。

回流是精馏操作得以实现的基础。塔顶的回流量与采出量之比称为回流比。回流比是精馏操作的重要参数之一，其大小影响精馏操作的分离效果和能耗。回流比存在两种极限情况：最小回流比和全回流。若塔在最小回流比下操作，要完成分离任务，则需要有无穷多块塔板的精馏塔。当然，这不符合工业实际，所以最小回流比只是一个操作限度。若操作处于全回流时，既无任何产品采出，也无原料加入，塔顶的冷凝液全部返回塔中，这在生产中无实际意义。但是，由于此时所需理论塔板数最少，又易达到稳定，故常在工业装置的开停车、排除故障及科学研究时采用。

实际回流比常取最小回流比的 1.2～2.0 倍。在精馏操作中，若回流系统出现故障，操作情况会急剧恶化，分离效果也将变坏。

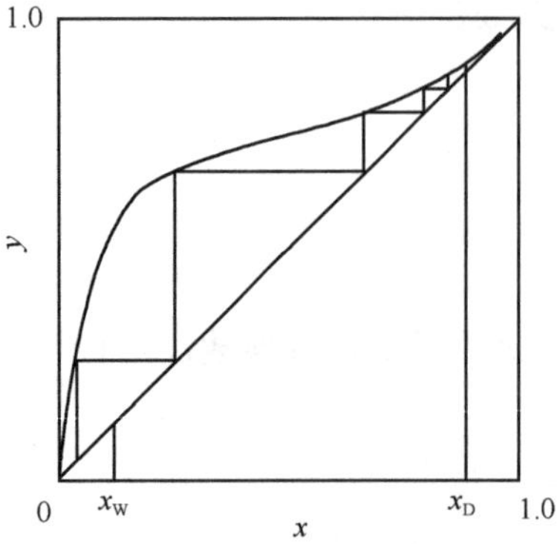

图 5-18　全回流时理论塔板数的确定

本实验采用图解法求取理论塔板数 N_T。图解法又称麦凯布-蒂勒（McCabe-Thiele）法，简称 M-T 法，其原理与逐板计算法完全相同，只是将逐板计算过程在 x-y 图上直观地表示出来。

在全回流操作状态下，精馏段和提馏段操作线在 x-y 图上为对角线，根据塔顶的组成 x_D、塔釜的组成 x_W，在操作线和平衡线之间作梯级，即可得到理论塔板数 N_T，如图 5-18 所示。

在板式精馏塔中，完成一定分离任务所需的理论塔板数与实际塔板数之比定义为全塔效率（或总板效率），即

$$E = \frac{N_T}{N_P} \times 100\% \tag{5-62}$$

式中：E 为全塔效率；N_T 为理论塔板数（不含釜）；N_P 为实际塔板数。

全塔效率是板式精馏塔分离性能的综合度量，是综合了塔板结构、物性、操作变量等诸多因素影响的参数。

乙醇和水在常压下的相平衡数据列在附录 8 中，可以根据相应的数据绘出该体系的平衡线。

三、实验装置及流程

典型的连续精馏流程如图 5-19 所示，原料液经预热器加热到指定温度后，送入精馏塔的进料板，在进料板上与自塔上部下降的回流液体汇合后，逐板溢流，最后流入塔底再沸器中。在每层板上，回流液体与上升蒸气互相接触，进行热量和质量的传递过程。操作时，连续地从再沸器取出部分液体作为塔底产品（釜残液），部分液体气化，产生上升蒸气，依次通过各层塔板。塔顶蒸气进入冷凝器中被全部冷凝，并将部分冷凝液用泵送回塔顶作为回流液体，其余部分经冷却器冷却后被送出作为塔顶产品（馏出液）。

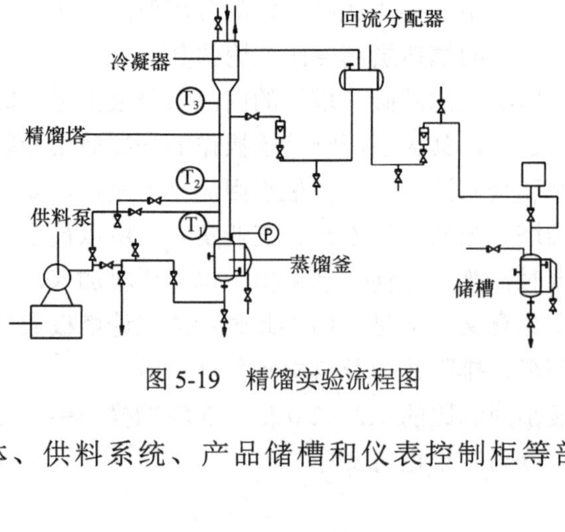

图 5-19　精馏实验流程图

整套装置由塔体、供料系统、产品储槽和仪表控制柜等部分组成，塔身采用

Φ107mm×3.5mm 不锈钢管制成，设有 3 个加料口供加料，共 16 块塔板，法兰连接。

四、实验步骤

1. 实验前的准备

（1）熟悉各取样点及温度和压力测量与控制点的位置；检查公用工程（水、电）是否处于正常供应状态。

（2）设备上电，检查流程中各设备、仪表是否处于正常开车状态；检查管路是否存在漏点。

（3）检查塔顶产品罐，是否有足够空间储存实验产生的塔顶产品，启动产品泵，将塔顶产品打到原料罐 A 或 B；检查塔釜产品罐，是否有足够空间储存实验产生的塔釜产品，如空间不够，启动产品泵，将塔釜产品打到原料罐 A 或 B。

（4）检查原料罐，是否有足够原料供实验使用，检测原料浓度是否符合操作要求（原料质量分数为 15%～20%），如有问题，进行补料或调整浓度的操作。

（5）检查流程中各阀门是否处于正常开车状态。

2. 全回流操作

（1）精馏塔有 3 个进料位置，根据原料的浓度，选择进料板位置，打开相应进料管路上的阀门。

（2）打开仪表柜总电源。

（3）进行塔釜加料，加料的方法有两种：一种是直接在塔釜再沸器的进料口进行加料；另一种是把原料罐中的料液通过进料泵进行加料。当塔釜液位指示计达到 400mm 左右时，停止加料，同时关闭相应阀门。

（4）打开再沸器的电加热开关，加热功率调至 9kW，加热塔釜内原料液。

（5）通过塔体上的玻璃观测段，观察液体加热情况。当玻璃观测段出现蒸气时，打开塔顶冷凝器冷却水调节阀，流量控制在 800～1000L/h，使塔顶蒸气冷凝为液体，流入回流罐中。同时密切注意观察塔内气、液接触状况，当液体开始沸腾时，将加热功率调至 6kW。

（6）当回流罐中的液位达到某一高度后，启动产品泵，调节全回流流量计，进行全回流操作，适时调节回流流量，使回流罐的液位稳定在某一高度。

（7）随时观测塔内各点温度、压力、流量和液位值的变化，全回流约 30min，当塔顶温度不再发生变化时，说明塔的操作已经稳定，在塔釜和塔顶的取样点位置分别取样，用阿贝折光仪测出折射率，并查表得到相应浓度值。5min 后，在塔釜和塔顶的取样点位置再分别取样分析，两次的浓度值应基本相等。由塔釜和塔顶的浓度可以求全回流下的理论塔板数。

3. 部分回流操作

（1）待全回流稳定后，切换至部分回流，将原料罐—进料泵—进料管路上的相关阀门打开，使进料管路通畅。

（2）选择某一进料位置，开启原料进料泵，调节回流量和塔顶产品采出量以确定回流比，并使回流罐液位稳定在某一固定位置。同时，打开塔底产品冷却器的冷却水，开启塔底产品放料泵，根据物料衡算，确定塔底产品的流量。

（3）观测塔顶回流、出料流量计值的变化。在此过程中可根据具体情况小幅改变塔釜加热功率和冷凝水流量。如果操作状态稳定，操作参数也可保持不变。

（4）待塔顶温度稳定一段时间后，取样测量浓度；如果浓度不符合要求，则可以通过改变回流比、塔釜加热功率等措施，直至达到要求浓度。

4. 停车

（1）关闭进料泵、放料泵，停止再沸器加热。

（2）待没有蒸气上升后，关闭塔顶冷凝器的冷却水循环泵。

（3）关闭仪表电源，关闭总电源。

五、注意事项

（1）操作指标要求塔釜压力约 6.0kPa，进料温度≤75℃，塔顶温度 78.2～80.0℃，塔釜温度 90.0～92.0℃，进料流量 10～25L/h，冷凝水流量 800～1000L/h，塔釜液位 350～450mm。

（2）塔釜电加热是湿式加热，必须在塔釜有足够液体时（必须淹没电加热管）才能启动电加热，否则会烧坏电加热管。因此，严禁塔釜内液少时开启电加热！

（3）进料预热器的电加热是湿式加热，必须先开进料泵，等预热罐中有足够液体时（必须淹没电加热管）才能启动电加热，否则会烧坏电加热管。因此，严禁先开预热再开进料泵！

（4）在实验过程中，时刻密切观察进料、出料流量及釜中液位、回流罐液位、塔板温度、塔内气液两相接触状态等的变化，严禁无人看守。

（5）塔顶放空阀一定要打开。

（6）当精馏操作稳定后才能取样，而且塔顶、塔底要同时取样。

六、实验数据记录及处理

装置编号：______；实际塔板数：______；分离的体系：______。

将实验数据填入表 5-28 和表 5-29。

表 5-28　全回流操作时的原始数据记录

全回流稳定时间/min	冷却水流量/（L/h）	回流液流量/（L/h）	温度/℃		塔顶产品折射率	塔顶产品浓度/%	塔底产品折射率	塔底产品浓度/%
			塔釜	塔顶				

表 5-29　部分回流操作时的原始数据记录

部分回流稳定时间/min	冷却水流量/（L/h）	回流液流量/（L/h）	产品流量/（L/h）		温度/℃		塔顶产品折射率	塔顶产品浓度/%
			塔釜	塔顶	塔釜	塔顶		

（1）在直角坐标系中绘制乙醇-水溶液的 x-y 图，用图解法求出全回流下的理论塔板数。

（2）计算全回流条件下的全塔效率。

（3）结合精馏操作，讨论回流比对精馏塔塔顶产品质量的影响。

七、思考题

（1）什么是全回流？全回流操作有哪些特点？在生产中有什么实际意义？

（2）回流比是精馏操作最重要参数之一，其大小对塔顶、塔底产品浓度有什么影响？

（3）如何判断精馏塔的操作已达到稳定？

（4）如何控制精馏塔的正常操作？加热电流过大或过小对操作有什么影响？

（5）影响全塔效率的主要因素有哪些？

（6）操作过程中，欲增大回流比，可采用什么方法？

（7）当操作回流比 R＜最小回流比 $R_{\min}$ 时，精馏塔是否还能进行操作？如何确定精馏塔的操作回流比？

（8）冷料进料对精馏塔操作有什么影响？进料口位置如何确定？

（9）改变进料口位置，对精馏塔操作有什么影响？

（10）精馏塔的常压操作是如何实现的？如果要改为减压操作，又如何实现？

（11）用本精馏装置分离乙醇-水系统，塔顶能否得到 98%（质量分数）的乙醇产品？为什么？

（12）板式塔中气、液两相的流动特点是什么？

（13）在全回流时，测得板式塔上第 n、n−1 层液相组成后，能否求出第 n 层塔板上以气相组成变化表示的单板效率？

（14）本实验中冷凝器和冷却器的结构形式如何？它们分别属于哪种类型的热交换器？

（15）精馏塔完成分离任务所需理论塔板数为 8 块（包括塔釜），若全塔效率为 50%，则塔内实际塔板数为（　　）块。

A. 16　　B. 12　　C. 14　　D. 4

（16）精馏塔的操作线是直线的原因为（　　）。

A. 理论塔板假定　　B. 理想物系　　C. 泡点进料　　D. 恒摩尔流假定

（17）对于理论塔板，下列说法错误的是（　　）。

A. 理论塔板可作为衡量实际塔板分离效率的依据和标准

B. 离开理论塔板的气、液两相互成平衡

C. 实际塔板即为理论塔板，两者之间无区别

D. 理论塔板为假想板，实际并不存在

（18）在正常操作下，影响精馏塔全效率的因素是（　　）。

A. 物系、设备与操作条件　　B. 仅与操作条件有关

C. 加热量增加，效率一定减少　　D. 仅与物系和设备条件有关

实验十一　干燥速率曲线的测定

一、实验目的

（1）掌握洞道式干燥装置的基本结构、工艺流程和操作方法。

（2）掌握干燥曲线和干燥速率曲线的测定方法。

（3）学习物料含水量的测定方法。

（4）加深对物料临界含水量 X_c 的概念及其影响因素的理解。

二、实验原理

干燥操作是采用某种方式将热量传给湿物料，使湿物料中水分蒸发分离的操作。干燥操作同时伴有传热和传质，而且涉及水分以气态或液态的形式自物料内部向表面传质的机理。由于物料含水性质和物料形状的差异，水分传递速率的大小差别很大。概括来说，影响传递速率的因素主要有：固体物料的种类、含水量、含水性质；固体物料层的厚度或颗粒的大小；热空气的温度、湿度和流速；热空气与固体物料间的相对运动方式。在设计干燥器的尺寸或确定干燥器的生产能力时，被干燥物料在给定干燥条件下的干燥速率、临界湿含量和平衡湿含量等干燥特性数据是最基本的技术依据参数。实际生产中被干燥物料的性质千变万化，因此对于大多数的被干燥物料而言，其干燥特性数据通常需要通过实验测定。

按照干燥过程中的空气状态参数是否发生变化，可将干燥过程分为恒定干燥条件操作和非恒定干燥条件操作两大类。若用大量空气干燥少量物料，则可以认为湿空气在干燥过程中温度、湿度均不变，再加上气流速度、与物料的接触方式不变，则称这种操作为恒定干燥条件下的干燥操作。本实验是在恒定干燥条件下进行的。

1. 干燥速率的定义

干燥速率是单位干燥面积（提供水分气化的面积）、单位时间内所除去的水分质量，即

$$U=\frac{\mathrm{d}W}{S\mathrm{d}\tau}=-\frac{G_C\mathrm{d}X}{S\mathrm{d}\tau} \tag{5-63}$$

式中：U 为干燥速率，又称干燥通量，kg/（m^2·s）；S 为干燥表面积，m^2；W 为气化的水分量，kg；τ 为干燥时间，s；G_C 为绝干物料质量，kg；X 为物料含水量，kg 水/kg 绝干物料；负号表示 X 随干燥时间的增加而减少。

2. 干燥速率的测定方法

把湿物料试样置于恒定空气流中进行干燥实验，随着干燥时间的延长，水分不断气化，湿物料质量减少。若记录物料不同时间的质量 G，直到物料质量不变为止，也就是物料在该条件下达到干燥极限，此时留在物料中的水分就是平衡水分 X^*。再将物料烘干后称量得到绝干物料质量 G_C，则物料中瞬间含水量为

$$X = \frac{G - G_C}{G_C} \tag{5-64}$$

由式（5-64）计算出每一时刻的瞬间含水量 X，然后以 X 对干燥时间 τ 作图，即为干燥曲线（图 5-20）。

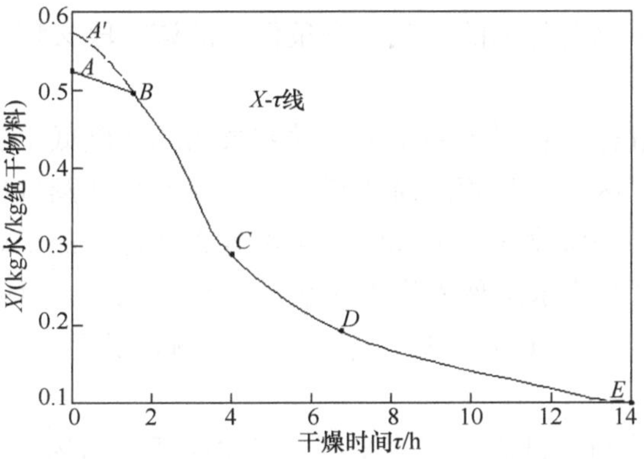

图 5-20　恒定干燥条件下的干燥曲线

根据干燥曲线图 5-20 可以转换得到干燥速率曲线。由已测得的干燥曲线求出不同 X 下的斜率 $\frac{dX}{d\tau}$，再由式（5-63）计算得到干燥速率 U，以 U 对 X 作图就是干燥速率曲线（图 5-21）。

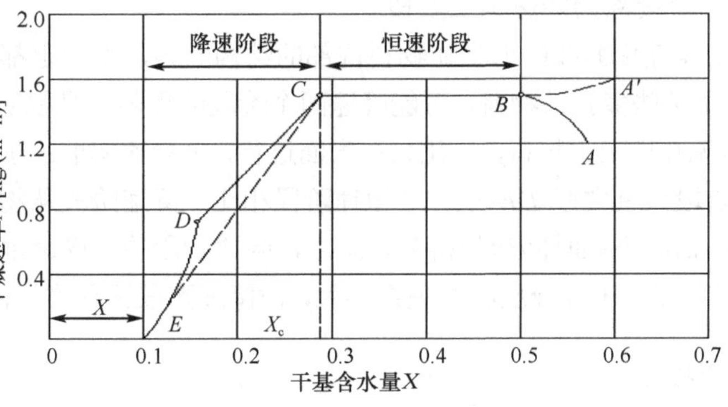

图 5-21　恒定干燥条件下的干燥速率曲线

3. 干燥过程分析

干燥过程的各阶段如图 5-20、图 5-21 所示。

1）预热段

预热段见图 5-20 和图 5-21 的 *AB* 段或 *A'B* 段。湿物料在预热段中，含水量略有下降，温度则升至湿球温度 t_W，干燥速率可能呈上升趋势变化，也可能呈下降趋势变化。预热段经历的时间很短，通常在干燥计算中忽略不计，有些干燥过程甚至没有预热段。本实验中也没有预热段。

2）恒速干燥阶段

恒速干燥阶段见图 5-20 和图 5-21 的 *BC* 段。此阶段物料水分不断气化，含水量不断下降。但由于这一阶段去除的是物料表面附着的非结合水分，水分去除的机理与纯水的相同，故在恒定干燥条件下，物料表面始终保持为湿球温度 t_W，传质推动力保持不变，因而干燥速率也不变。于是，在干燥速率曲线中，*BC* 段为水平线。只要物料表面保持足够湿润，物料的干燥过程中总有恒速阶段。而该段的干燥速率大小取决于物料表面水分的气化速率，即取决于物料外部的空气干燥条件，故该阶段又称为表面气化控制阶段。

3）降速干燥阶段

随着干燥过程的进行，物料内部水分移动到表面的速度低于表面水分的气化速率，物料表面局部出现“干区”，尽管这时物料其余表面的平衡蒸气压仍与纯水的饱和蒸气压相同、传质推动力还为湿度差，但以物料全部外表面计算的干燥速率因“干区”的出现而降低，此时物料中的含水量称为临界含水量，用 X_c 表示，对应干燥速率曲线图 5-21 中的 *C* 点，称为临界点。过 *C* 点以后，干燥速率逐渐降低至 *D* 点，*C* 至 *D* 阶段称为降速第一阶段。

干燥至 *D* 点时，物料全部表面成为干区，气化面逐渐向物料内部移动，气化所需的热量必须通过已被干燥的固体层才能传递到气化面；从物料中气化的水分也必须通过这层干燥层才能传递到空气主流中。干燥速率因热、质传递的途径加长而下降。此外，在 *D* 点以后，物料中的非结合水分已被除尽。接下来所气化的是各种形式的结合水。因此，平衡蒸气压将逐渐下降，传质推动力减小，干燥速率也随之迅速降低，直至到达 *E* 点时，速率降为零。这一阶段称为降速第二阶段。

降速阶段的干燥速率曲线的形状随物料内部的结构而异，不一定都呈现前面所述的曲线 *CDE* 形状。对于某些多孔性物料，可能降速两个阶段的界限不是很明显，曲线好像只有 *CD* 段；对于某些无孔性吸水物料，气化只在表面进行，干燥速率取决于固体内部水分的扩散速率，故降速阶段只有类似 *DE* 段。与恒速阶段相比，降速阶段从物料中除去的水分量相对少许多，但所需的干燥时间却长得多。总之，降速阶段的干燥速率取决于物料本身的结构、形状和尺寸，而与干燥介质状况关系不大，故降速阶段又称物料内部迁移控制阶段。

三、实验装置及流程

本实验装置流程如图 5-22 所示。空气由鼓风机送入电加热器，经加热后流入干燥室，加热干燥室料盘中的湿物料后，经排出管道通入大气中。随着干燥过程的进行，物料失去的水分量由称重传感器转化为电信号，并由智能数显仪表记录下来（或通过固定间隔时间，读取该时刻的湿物料质量）。

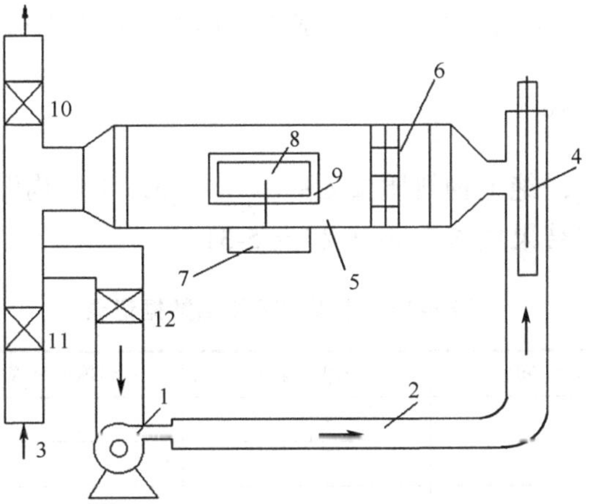

图 5-22　干燥装置流程图

1. 鼓风机；2. 管道；3. 进风口；4. 电加热器；5. 厢式干燥器；6. 气流均布器；7. 称重传感器；8. 湿毛毡；9. 玻璃视镜门；10～12. 蝶阀

主要设备及仪器：①鼓风机：BYF7122，370W；②电加热器：额定功率 4.5kW；③干燥室：180mm×180mm×1250mm；④干燥物料：湿毛毡或湿沙；⑤称重传感器：CZ500型，0～300g。

四、实验步骤

（1）开启总电源，开启鼓风机电源。

（2）打开仪表电源开关，加热器通电加热，旋转加热按钮至适当加热电压，在 U 形湿漏斗中加入一定水量，并关注干球温度，干燥室温度（干球温度）要求达到恒定温度（如 70℃）。

（3）将毛毡加入一定量的水并使其润湿均匀，注意水量不能过多或过少。

（4）当干燥室温度恒定在 70℃时，将湿毛毡十分小心地放置于称重传感器上。放置毛毡时应特别注意不能用力下压，因为称重传感器的测量上限仅为 300g，用力过大容易损坏称重传感器。

（5）记录时间和脱水量，每两分钟记录一次质量数据；每两分钟记录一次干球温度和湿球温度。

（6）待毛毡质量恒定时，实验结束，关闭仪表电源，注意保护称重传感器，非常小心地取下毛毡。

（7）关闭鼓风机，切断总电源，清理实验设备。

五、注意事项

（1）必须先开鼓风机，后开电加热器，否则加热管可能会被烧坏。

（2）特别注意传感器的测量上限仅为 300g，放取毛毡时必须十分小心，绝对不能下压，以免损坏称重传感器。

（3）实验过程中，不要拍打或碰撞装置面板，以免引起料盘晃动，影响结果。

（4）干燥物料要充分浸湿，但不能有水滴自由滴下，否则将影响实验数据的准确性。

六、实验数据记录及处理

装置编号：______；绝干物料质量 G_C：______g；干燥物面积：______m^2。

将实验数据和处理结果填入表 5-30 和表 5-31。

表 5-30　干燥实验原始数据记录

实验序号	干燥时间/s	干球温度/℃	湿球温度/℃	湿物料质量/g

表 5-31　干燥实验数据处理结果

实验序号	物料含水量 X/（kg 水/kg 绝干物料）	干燥速率 U/[kg/（m^2·s）]

（1）绘制干燥曲线。

（2）绘制干燥速率曲线。

（3）求物料的临界含水量。

七、思考题

（1）什么是恒定干燥条件？本实验装置中采用了哪些措施来保持干燥过程在恒定干燥条件下进行？

（2）为什么要先启动鼓风机，再启动电加热器？实验过程中干、湿球温度计的温度是否变化？为什么？

（3）如何判断实验何时可以结束？

（4）若忘记给湿球温度计加水，会对实验产生什么影响？

（5）将装置的尾气引到鼓风机入口循环使用，有什么优点和缺点？

（6）空气湿度一定时，相对湿度 φ 与温度 t 的关系是（　　）。

A. t 越大，φ 越大　　B. t 越大，φ 越小　　C. t 与 φ 无关

（7）临界含水量与平衡含水量的关系是（　　）。

A. 临界含水量＞平衡含水量　　B. 临界含水量=平衡含水量

C. 临界含水量＜平衡含水量

（8）下列关于干燥速率 U 的说法正确的是（　　）。

A. 温度越高，U 越大　　B. 气速越大，U 越大

C. 干燥面积越大，U 越小

（9）干燥速率是（　　）。

A. 被干燥物料中液体的蒸发量随时间的变化率

B. 被干燥物料单位表面积液体的蒸发量随时间的变化率

C. 被干燥物料单位表面积液体的蒸发量随温度的变化率

D. 当推动力为单位湿度差时，单位表面积上单位时间内液体的蒸发量

（10）若干燥室不向外界环境散热时，通过干燥室的空气将经历（　　）变化。

A. 等温过程　　B. 绝热增湿过程　　C. 近似的等焓过程　　D. 等湿过程

（11）本实验中如果湿球温度计指示温度升高了，可能的原因有（　　）。

A. 湿球温度计的棉纱球缺水

B. 湿球温度计的棉纱被水淹没

C. 入口空气的焓值增大了，而干球温度未变

D. 入口空气的焓值未变，而干球温度升高了

（12）本实验装置采用部分干燥介质（空气）循环使用的方法是为了（　　）。

A. 在保证一定传质推动力的前提下节约热能

B. 提高传质推动力

C. 提高干燥速率

（13）本实验中空气加热器出入口相对湿度之比等于（　　）。

A. 入口温度：出口温度

B. 出口温度：入口温度

C. 入口温度下水的饱和蒸气压：出口温度下水的饱和蒸气压

D. 出口温度下水的饱和蒸气压：入口温度下水的饱和蒸气压

（14）物料在一定干燥条件下的临界干基含水量为（　　）。

A. 干燥速率为零时的干基含水量

B. 干燥速率曲线上由恒速转为降速的那一点上的干基含水量

C. 干燥速率曲线上由降速转为恒速的那一点上的干基含水量

D. 恒速干燥线上任一点所对应的干基含水量

（15）下列条件中（　　）有利于干燥过程进行。

A. 提高空气温度　　B. 降低空气湿度　　C. 提高空气流速

D. 提高入口空气湿度　　E. 降低入口空气相对湿度

第 6 章　化工原理计算机仿真实验

化工原理实验是一门工程类学科，是实践性教学环节中不可缺少的重要组成部分。教学内容主要涉及化工生产中的单元操作且接近于中试装置规模。因此，在教学过程中需加强工程观念、定量计算、实验技能及设计能力训练。但由于实验室仪器设备和教学时数的限制，很难实现由学生个人独立完成实验的教学目的，给实验教学带来了一定的难度。近年来，借助计算机、网络和多媒体技术，可以有效地模拟真实的化工生产过程中开车、运行、停车及事故处理等操作过程，使学生能够身临其境地深入了解化工过程的工艺和控制系统的动态特性，提高对复杂化工过程动态运行的分析和决策能力。此外，还可以实现真实实验教学中难以做到的内容，如各种不正常操作等，能够很好地弥补实践性教学的不足。

从技术层面看，仿真教学是在计算机系统中采用仿真技术、数字建模技术和多媒体技术实现的各种仿真环境的软件；从功能角度看，仿真实验分为演示型和操作型。前者是对实验现象的演示，可采用多种教学软件、Flash 或其他多媒体软件制作成动画或 3D 模型进行演示，作为实验者，只能从观众的角度观察实验，而不能亲自动手，因此缺乏一定的真实感；后者则以实验者为主导，实验者能够控制、参与实验，并实时显示实验现象和结果。总的来说，仿真实验就是一种运用实物、半实物或全数字化动态模型，深层次地揭示教学内容的新方法、新手段。与传统的实验室实验相比，计算机仿真实验具有如下优势和作用。

（1）直观性：仿真实验可形象生动地模拟实验实训的全过程，简明易懂，既有科学性又有趣味性。

（2）可操作性：利用仿真实验软件，学生可以在计算机上反复进行开车、停车训练，提供充分的动手机会。

（3）安全性：在仿真实验中，即使学生进行错误操作或不当操作也不会发生人身危险，同时也不会造成仪器设备、仪表、部件破坏和环境污染等。

（4）开放性、经济性和灵活性：仿真实验易维护，操作方便，可以随时开放，反复实践，能有效地降低实验仪器损耗，避免重复购置设备，节约资源，提高办学效率。而且仿真实验灵活方便，可移动，有利于教学资源共享。

本章介绍几个典型的化工原理计算机仿真实验，包括流量计性能测定仿真实验、离心泵串并联仿真实验、正交试验法在过滤研究实验中的应用仿真实验、液-液传热仿真实验、填料塔吸收（氨-水）仿真实验和精馏塔仿真实验。所涉及的仿真实验软件系统集江苏师范大学化工原理教研室教师多年的实验教学经验和北京东方仿真控制技术有限公司成熟的仿真技术于一体，联合开发而成，并经几届学生的实践，取得了很好的效果。下面简要介绍该软件的一般性使用方法。

1. 启动实验

用鼠标点击“开始□程序□东方仿真□化工原理实验仿真”，将鼠标移动到要做的实验名称对应的条目上，用鼠标左键点击界面左上角的“启动项目”即可启动该实验。

2. 系统功能

选中实验项目后，进入实验主界面。主界面的主体为该实验的装置示意。

主界面左上方工具栏处为主要的操作菜单，简要介绍如下。

工艺：系统主菜单，包括当前信息总览、重做当前任务、培训项目选择、切换工艺内容、进度存盘、进度重演、系统冻结及系统退出。

画面：不同操作界面切换，包括流程图画面、控制组画面、趋势画面、报警帮助、报警画面及辅助界面。

工具：相应辅助工具操作转换，包括变量监视、仿真时钟设置、评分自动提示、成绩爬升图及知识点总览。

帮助：系统帮助菜单。

硬件故障修复：系统故障修复菜单。

此外，在主界面下方为实验操作选项菜单，一般包括实验装置图、实验数据、参数设置、实验报表及思考题等，通过鼠标点击可在不同界面之间切换。

实验十二　流量计性能测定仿真实验

一、实验装置及流程

本实验真实装置示意图如图 6-1 所示，流程图如图 6-2 所示，本实验共有 8 套装置，第 1～6 套流体输送流程为：A→B（C→D）→E→F→G→I。

流量测量：以精度 0.5 级的涡轮流量计作为标准流量计，测量被测流量计的流量。

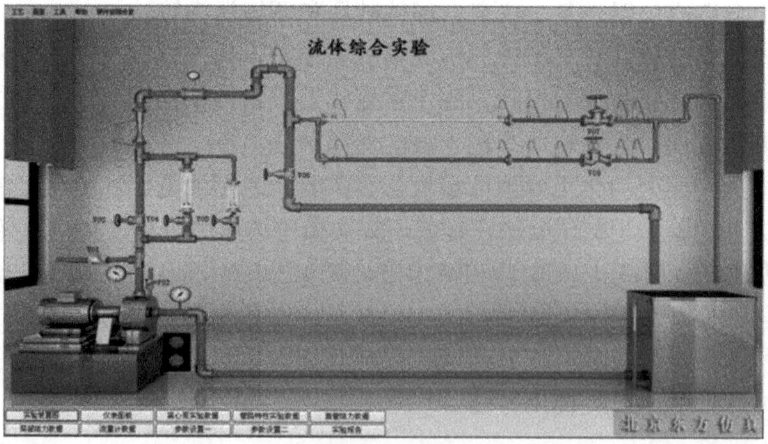

图 6-1　流量计性能测定装置示意图

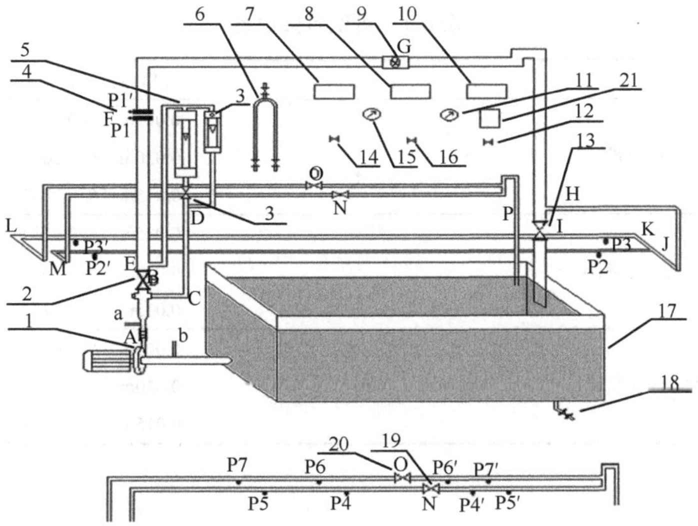

图 6-2　流量计性能测定流程图

1. 离心泵；2. 流量调节阀；3. 小流量调节阀；4. 被标定流量计；5. 转子流量计；6. 倒 U 形管；7、8、10. 数显仪表；9. 涡轮流量计；11. 真空表；12. 流量计平衡阀；13. 回流阀；14. 光滑管平衡阀；15. 压力表；16. 粗糙管平衡阀；17. 水箱；18. 排水阀；19. 闸阀；20. 截止阀；21. 变频器；a. 出口压力取压点；b. 吸入压力取压点；P1–P1′. 流量计压差；P2–P2′. 光滑管压差；P3–P3′. 粗糙管压差；P4–P4′. 闸阀近点压差；P5–P5′. 闸阀远点压差；P6–P6′. 截止阀近点压差；P7–P7′. 截止阀远点压差；J-M. 光滑管；K-L. 粗糙管

二、实验步骤

（1）通电预热“数字显示仪表”，并记录“流量计差压数字表”初始值。

（2）通过导向阀设置流量计标定的流程。

（3）关闭流量调节阀，用“变频器启动按钮”启动离心泵。

（4）调节流量，在满量程范围内测取 10～12 组流量计标定数据。

（5）实验结束后，关闭流量调节阀，停泵，切断电源。

具体实验步骤如下。

（1）在“参数设置二”界面设置流量计性能测定实验的边界参数，包括：选择流量计种类及流量计孔口内径。用鼠标点击“参数记录”，将相关参数记录到实验报表中。注意：参数设置好后在本实验中不可更改。

（2）打开离心泵电源开关，打开主管路的球阀，稍微打开主管路的调节阀，在仪表面板中观察涡轮流量计读数和被测流量计压差，待两者稳定后，在“流量计数据界面”中记录相关数据。

（3）调节主管路调节阀开度，重复步骤（2），共记录 10 组数据。

（4）在实验报表中的“流量计校核数据”查看实验结果数据，可选中某行删除不合理数据，并点击实验报告查看数据和流量计标定曲线和流量系数-雷诺数（C_0-Re）曲线。

（5）关闭主管路球阀、主管路调节阀，关闭离心泵电源开关。

在实验过程中，主管道直径保持 40mm（β=孔口内径/主管道直径），其他可变参数设置见表 6-1。

表 6-1　可变参数设置

流量计种类	孔口内径（β）
标准孔板流量计	0.025m（β=0.625） 0.020m（β=0.50） 0.015m（β=0.375）
标准孔口流量计	0.025m（β=0.625） 0.020m（β=0.50） 0.015m（β=0.375）
标准喷嘴流量计	0.025m（β=0.625） 0.020m（β=0.50） 0.015m（β=0.375）

三、注意事项

启动离心泵之前，必须检查所有流量调节阀是否关闭。

四、实验报告

（1）绘制流量计的雷诺数 Re 和流量系数 C_0 的关系曲线。

（2）对实验结果进行讨论和分析。

实验十三　离心泵串并联仿真实验

一、实验步骤

首先到“参数设置界面”进行泵的参数设置，主要是选择泵（单台泵或两台泵的串、并联）和调节泵的转速，然后进行实验。具体实验步骤如下。

1. 单台泵Ⅰ特性曲线（Q-H）$_{\mathrm{I}}$测定

（1）关闭泵出水阀门 V2，开启泵进水阀门 V1。

（2）接通电源，启动泵Ⅰ。

（3）稍打开阀门 V2，调节其流量，待真空表 P1 和压力表 P2 稳定，记下压力表和真空表的读数及孔板流量计的流量值，由此测得一个工况下的 H 和 Q。

（4）加大阀门 V2 的开度，重复步骤（3），依次测得 10 组数据。

（5）依次关闭出水阀门 V2、泵Ⅰ的电源、进水阀门 V1。

2. 单台泵Ⅱ特性曲线（Q-H）$_{\mathrm{II}}$测定

（1）关闭泵出水阀门 V4，开启泵进水阀门 V3。

（2）接通电源，启动泵Ⅱ。

（3）稍打开阀门 V4，调节其流量，待真空表 P3 和压力表 P4 稳定，记下压力表和真空表的读数及孔板流量计的流量值，由此测得一个工况下的 H 和 Q。

（4）加大阀门 V4 的开度，重复步骤（3），依次测得 10 组数据。

（5）依次关闭出水阀门 V4、泵Ⅱ的电源、进水阀门 V3。

3. 两台泵并联工况下特性曲线（Q-H）$_{并}$测定

（1）关闭阀门 V2、V4 和 V5，开启阀门 V1 和 V3。

（2）接通电源，启动泵Ⅰ和泵Ⅱ。

（3）打开阀门 V2 和 V4，调节其流量，使压力表 P2 和 P4 都指示在某一相同的压力，此时记下孔板流量计的相应流量，由此测得一个工况下的 $H_{并}$和 $Q_{并}$。

（4）按上述（3）的方法，再测试出几个不同并联工况下的 $H_{并}$和 $Q_{并}$，即改变 $H_{并}$，测出相应的 $Q_{并}$。

（5）依次关闭泵Ⅰ出水阀门 V2、泵Ⅰ电源和进水阀门 V1；再依次关闭泵Ⅱ出水阀门 V4、泵Ⅱ电源和进水阀门 V3。

4. 两台泵串联工况下特性曲线（Q-H）$_{串}$测定

（1）关闭阀门 V2、V4 和 V5，开启阀门 V1 和 V3。

（2）接通电源，首先启动泵Ⅱ，待其运行正常后，打开串联阀门 V5，再启动泵Ⅰ，待泵Ⅰ运行正常后，关闭阀门 V3，最后打开泵Ⅱ的出口阀门 V4。

（3）调节阀门 V4 到一定开度，即调到某一扬程 $H_{串}$和流量 $Q_{串}$的工况，在此工况下测读压力表 P1 和 P4 的数值，并测得孔板流量计的流量，计算出 $Q_{串}$。

（4）按上述（3）的方法，再测试出几个不同串联工况下的 $H_{串}$和 $Q_{串}$。

（5）依次关闭泵Ⅱ出水阀门 V4、泵Ⅱ电源、串联阀门 V5、泵Ⅰ电源、泵Ⅰ进水阀门 V1。

二、注意事项

（1）先开进水阀门，再打开泵，否则会发生气缚现象。

（2）在出水阀门全开的情况下启动泵，可能会发生烧泵事故，因此在开泵之前，必须保证泵的出水阀门关闭。

三、实验报告

1. 实验数据记录及处理

（1）单台泵Ⅰ特性曲线（Q-H）$_{\mathrm{I}}$测定。数据包括泵Ⅰ的真空表读数（MPa，表压）；泵Ⅰ的压力表读数（MPa，表压）；泵Ⅰ的真空表读数（m，绝压）；泵Ⅰ的压力表读数（m，绝压）；泵Ⅰ的压头（m）；总管路的流量（m^3/h）。

（2）单台泵Ⅱ特性曲线（Q-H）$_{\text{II}}$测定。数据包括泵Ⅱ的真空表读数（MPa，表压）；泵Ⅱ的压力表读数（MPa，表压）；泵Ⅱ的真空表读数（m，绝压）；泵Ⅱ的压力表读数（m，绝压）；泵Ⅱ的压头（m）；总管路的流量（m^3/h）。

（3）两台泵并联工况下特性曲线（Q-H）$_{并}$测定。数据包括泵Ⅰ的真空表读数（MPa，表压）；泵Ⅰ的压力表读数（MPa，表压）；泵Ⅰ的真空表读数（m，绝压）；泵Ⅰ的压力表读数（m，绝压）；泵Ⅱ的真空表读数（MPa，表压）；泵Ⅱ的压力表读数（MPa，表压）；泵Ⅱ的真空表读数（m，绝压）；泵Ⅱ的压力表读数（m，绝压）；两泵并联的压头（m）；总管路的流量（m^3/h）。

（4）两台泵串联工况下特性曲线（Q-H）$_{串}$的测定。数据包括泵Ⅰ的真空表读数（MPa，表压）；泵Ⅰ的真空表读数（m，绝压）；泵Ⅱ的压力表读数（MPa，表压）；泵Ⅱ的压力表读数（m，绝压）；两泵串联的压头（m）；总管路的流量（m^3/h）。

2. 基本数据

泵的进口管内径：41mm；泵的出口管内径：41mm；两侧压口间垂直距离：0.3m；水温：25℃。其他参数见表 6-2。

表 6-2　BX 型单级悬臂离心泵工作性能

泵的型号	流量/（m^3/h）	扬程/m	最小转速 /（r/min）	最大转速 /（r/min）	轴功率/kW
50BX20/31	20	30.8	1900	2900	2.6
80BX45/33	45	32.6	1900	2900	5.56
65BX25/32	25	32	1900	2900	3.25
80BX50/32	50	32	1900	2900	5.8

将实验中所测得的数据 H、Q 记入表 6-3 中，并以 Q 为横坐标，H 为纵坐标，将实验数据在坐标纸中绘出一系列实验点，将这些点光滑地分别连成单泵Ⅰ和Ⅱ的（Q-H）$_{\text{I}}$和（Q-H）$_{\text{II}}$特性曲线，再分别合成为并联和串联的总特性曲线（Q-H）$_{并}$和（Q-H）$_{串}$，如图 6-3 所示。最后，把并联和串联工况下实际测出的一些工作点在合成的总特性曲线周围标出，以示比较。

表 6-3　实验数据记录及处理

序号		1	2	3	4	5	6	7	8
泵Ⅰ	H/m								
	Q/（m^3/h）								
泵Ⅱ	H/m								
	Q/（m^3/h）								
并联	H/m								
	Q/（m^3/h）								
串联	H/m								
	Q/（m^3/h）								

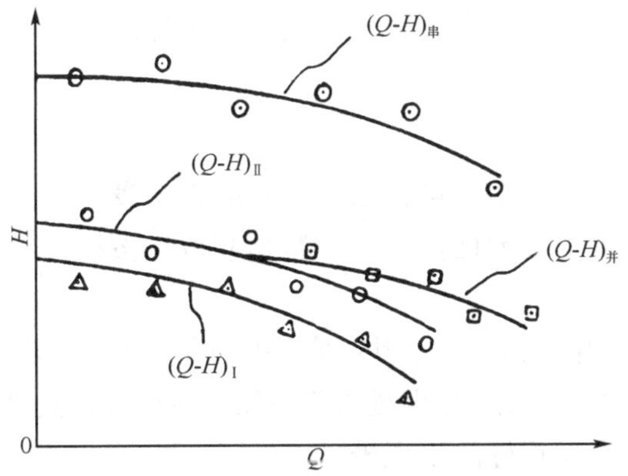

图 6-3　实验结果的 Q-H 曲线

实验十四　正交试验法在过滤研究实验中的应用仿真实验

一、实验装置及流程

实验装置示意图如图 6-4 所示。

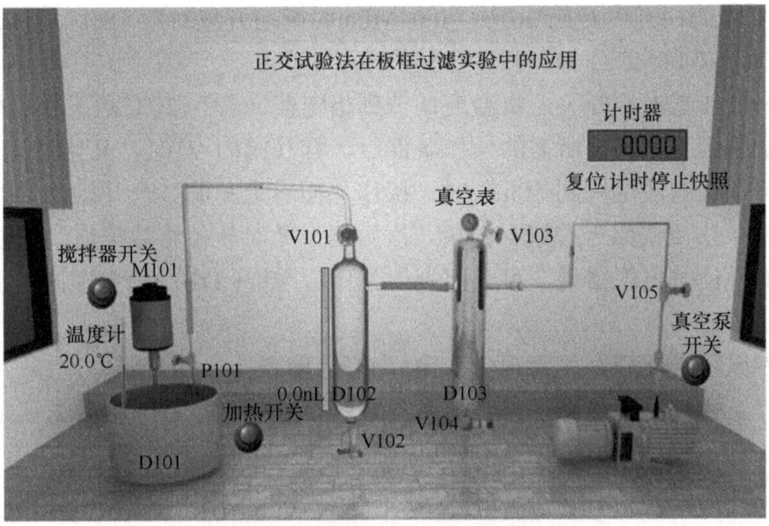

图 6-4　正交试验法在板框过滤实验中的应用装置示意图

M101. 搅拌器；D101. 滤浆槽；D102. 滤液计量罐；D103. 缓冲罐；P101. 真空泵；V101. 进液阀；V102. 放液阀；V103. 进气阀；V104. 放气阀；V105. 气体调节阀

二、实验步骤

1. 设计正交表

（1）单击软件下方功能钮中“配置正交表”，按照自己的需要选择一种正交表。

（2）根据提示，设计所选择的正交表，单击“配置完成”按钮，即可设计完成，按下“确定”按钮。再点击“关闭”按钮，回到软件主界面。

2. 配置操作条件

（1）单击“数据处理”按钮，可弹出设计好的正交表。

（2）切换到“实验数据”界面，单击“数据复位”按钮，将当前数据复位（第一次实验可不用此操作）。

（3）在“实验数据”中单击“第 x 组实验”中的绿色数字，输入要进行实验的实验号。

（4）单击“配置正交表”或“数据处理”按钮，弹出数据处理表格，点击下方的“查看正交表”按钮，可查看配置好的正交表。

（5）按照表中的水平，点击“因素和水平”按钮，配置好“滤浆浓度”和“压差”两个因素，单击选中字体变成红色即可；而“压差”和“过滤温度”要在实验操作中设置。

3. 实验操作

（1）打开搅拌器电源进行搅拌。

（2）打开真空泵电源，启动真空泵。

（3）全开阀门 V105，对缓冲罐 D103 进行抽真空。

（4）调节阀门 V103 开度，将缓冲罐的压力 PI101 调节到指定值，压力表指示为表压（–0.03MPa 时阀门开度对应 26%；–0.04MPa 时阀门开度对应 18%；–0.05MPa 时阀门开度对应 13%；–0.06MPa 时阀门开度对应 8%）。

（5）打开加热器电源开关，将温度调节到指定值（若为 20℃则不用加热）。

（6）确定达到当前实验所需的操作条件后，打开阀门 V101，开始抽滤。

（7）当计量罐的液位快到 50mL 时，操作界面右上角的秒表开始“计时”，液位上升到 100mL，单击“快照”按钮，记录一次数据，此时软件将数据自动记录到“实验数据”画面。如果计时出现错误，可关闭阀门 V101，打开 D102 的放空阀，放空计量罐，重新抽滤、计时。

（8）做完该组实验后，关闭阀门 V101，停止秒表，将秒表复位。

（9）在“实验数据”界面中，点击“记录本组数据”按钮，将数据记录到原始数据表中。

（10）到“数据处理”界面中，检查数据是否已记录到当前实验号所对应的一行中。

（11）到“实验数据”界面，点“数据复位”按钮，将实验参数复位，开始准备下一组实验。

（12）重复设置操作条件和实验操作这两大步骤，进行下一组实验，直到完成所有组实验。

（13）结束实验后，关闭真空泵、电动搅拌器、加热器电源。

三、注意事项

实验过程中如不搅拌，滤浆浓度将达不到指定值。

四、实验报告

对实验结果进行讨论与分析。

实验十五　液-液传热仿真实验

一、实验装置及流程

液-液传热实验装置示意图见图 6-5，流程图见图 6-6。实验装置的主体是一根平行的套管换热器，内管为紫铜材质，外管为不锈钢材质，两端用不锈钢法兰固定。实验的热流体在电加热釜内加热，内部有 2 根 2.5kW 螺旋形电加热器，用 220V 电压加热；经热流体循环泵进入换热器的壳程中；冷流体由离心泵抽出，流量调节阀调节，经转子流量计进入换热器的管程中，实现逆流换热。

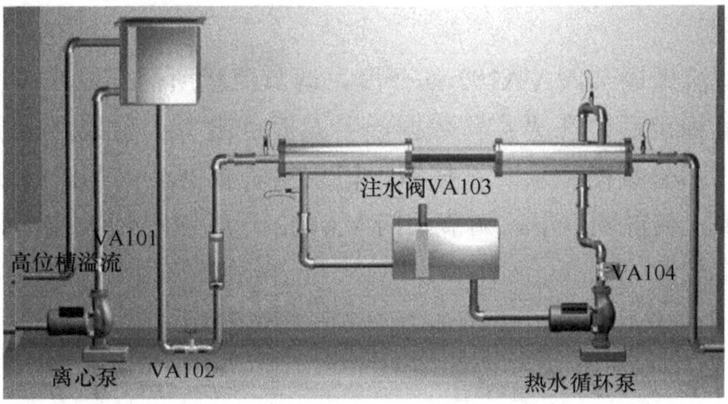

图 6-5　液-液传热实验装置示意图

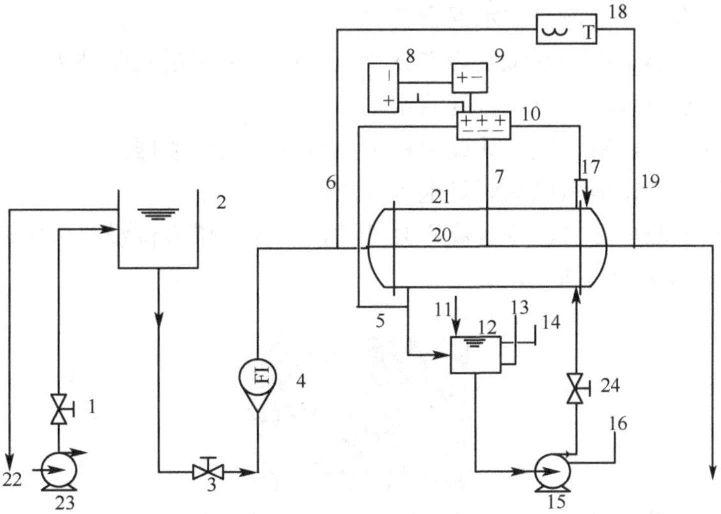

图 6-6　液-液传热实验流程图

1. 给水阀；2. 高位槽；3. 流量调节阀；4. 转子流量计；5、7、17. 铜-康铜热电偶；6、19. 热敏电阻温度传感器；8. 二次仪表；9. 热电偶冷端温度补偿器；10. 热电偶接线板；11. 加水口；12. 电加热釜；13. 液位计；14. 加热釜电源；15. 热水循环泵；16. 泵电机电源；18. 数字温度计；20. 传热管；21. 套管；22. 高位槽溢流；23. 离心泵；24. 热水流量调节阀

二、实验步骤

（1）在“参数设置”界面设置套管长度、套管外径、套管内径，设置冷水进口温度。点击“实验数据设置”将相关数据记录到实验报表中。注意：参数设置好后在本实验中不可更改。

（2）在“实验装置图”中，检查电加热釜液位计，若发现水量较少，打开注水阀VA103，补充水量至2/3处。

（3）在“仪表面板一”中，打开电源总开关，启动冷水离心泵电源开关。

（4）在“实验装置图”中，打开冷水给水阀VA101至最大；等待高位槽有溢流后，再打开流量调节阀VA102。

（5）在“仪表面板一”中，启动电加热釜开关，加热电加热釜中的水；启动热水循环泵电源开关。

（6）在“实验装置图”中，打开热水给水阀VA104，设定阀门开度为50%，保持热水的流量固定不变。

（7）通过调节流量调节阀VA102的开度，调节流量所需值，在“仪表面板一”界面查看流量，待数值稳定后，在“实验数据一”面板点击“实验数据记录一”和“实验数据二”面板点击“实验数据记录二”按钮，记录实验数据至“实验报表”。

（8）回到“实验装置图”中，调节阀门VA102开度由小到大或由大到小，重复步骤（7），记录6组实验数据。

三、注意事项

（1）由于采用热电偶测温，所以实验前要检查冰桶中是否有冰水混合物存在，检查热电偶的冷端是否全部浸没在冰水混合物中。

（2）检查电加热釜中的水位是否在正常范围内。特别是实验结束后，进行下一实验之前，如果发现水位过低，应及时补给水量。

（3）调节流量后，应在流量计读数稳定后再读取实验数据。

（4）所有错误操作提示以动画灯泡为标志，如下所示：

（a）若打开电源总开关、冷水离心泵开关，且高位槽液位没有恒定，就打开流量调节阀VA102时，出现如下提示：

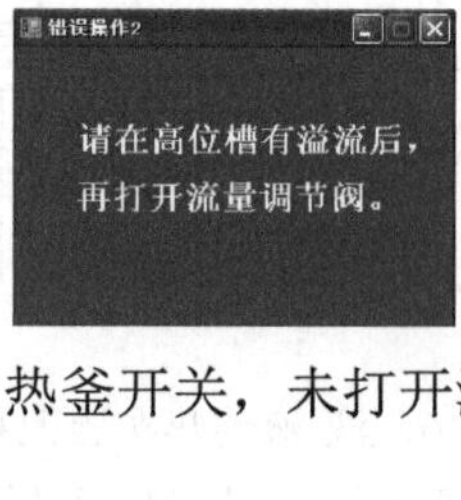

（b）若打开电源总开关、电加热釜开关，未打开注水阀VA103，但电加热釜液位较低时，出现如下提示：

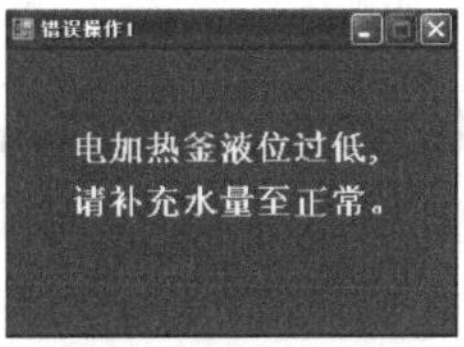

四、实验报告

（1）传热实验的原始数据表、数据结果表（传热量、传热系数、各准数及重要的中间计算结果）、准数关联式的回归过程、结果与具体的回归方差分析，并以其中一组数据的计算举例。

（2）在同一双对数坐标系中绘制 $\frac{Nu_1}{Pr^{0.4}}$-Re 和 $\frac{Nu_2}{Pr^{0.4}}$-Re 的关系曲线。

（3）对实验结果进行分析与讨论。

实验十六　填料塔吸收（氨-水）仿真实验

一、实验装置与流程

本实验装置示意图如图 6-7 所示。空气由旋涡风机供给；通过风机旁路阀 VA103 调节空气流量；氨气由氨气瓶供给；孔板压差计测量空气压降，氨气和空气混合后一起进入填料塔。水经调节阀进入填料塔。经填料塔吸收，水吸收混合气中的大量氨气后从塔底排出，空气和剩余少量氨气从塔顶作为尾气排出。为测量填料层的压降，装有压差计。

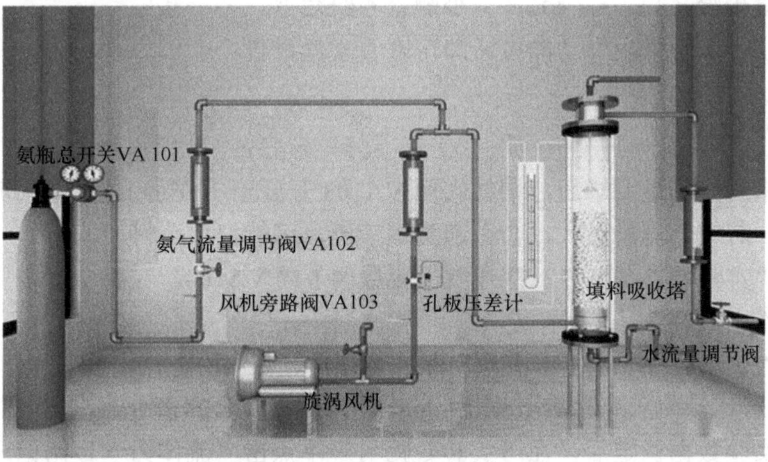

图 6-7　吸收实验装置示意图

利用酸碱中和法分析尾气中氨的含量。在吸收瓶中装入 10mL 硫酸，浓度为 0.00631mol/L，并滴入 1～2 滴甲基橙作为指示剂；当指示剂由红色变为黄色时，记录湿式流量计的体积。

填料塔基本参数：塔径 Φ 0.10m，填料层高 0.49m。

填料参数：10mm×10mm×1.5mm 陶瓷拉西环，a=440m^{-1}，ε=0.7，a/ε^3=1280m^{-1}。

湿填料因子：1500m^{-1}。

尾气分析所用硫酸体积：10mL，浓度：0.00631mol/L。

二、实验步骤

1. 参数设置

（1）点击“参数设置”功能按钮，进入参数设置页面。

（2）点击“填料塔径”和“填料高度”中的绿色数字，即可以设置塔径和塔高。

（3）点击“填料类型”，旁边图片会相应显示填料类型。

（4）点击“填料参数记录”按钮记录填料参数。

（5）参数设置完成后即可进行实验操作，默认情况下填料类型为：填料塔塔径 0.10m，填料高度 0.49m；填料类型 10mm×10mm×1.5mm 陶瓷拉西环。

2. 测量干塔压降

（1）在“实验装置图”中，打开风机旁路阀 VA103，开度为 100%。

（2）在“仪表面板”中，启动旋涡风机电源开关，提供空气。

（3）在“仪表面板”中，观察“空气温度”、“空气流量”、“孔板压差”、“填料压降”等数据。

（4）待实验数据稳定后，在“实验数据 1”中点击“流体力学数据记录”按钮，记录当前状态下的实验数据。

（5）在“实验装置图”中，逐渐减小风机旁路阀 VA103 开度，增大空气流量。

（6）重复步骤（3）、（4），至少测量 6 组数据。

（7）点击“实验报表”功能按钮即可查看实验报告。

3. 测量湿塔压降

（1）干塔压降测量完毕后，增加阀门 VA103 开度至 100%，减少空气流量。因为在湿塔状态下，若空气流量过大，会引起强烈液泛，可能损坏填料。

（2）在“实验装置图”中，打开液体流量调节阀 VA104，在整个湿塔压降测量过程中液体流量不变。

（3）待“仪表面板”中“水流量”保持稳定后，观测“空气温度”、“空气流量”、“孔板压差”、“填料压降”等数据。

（4）待实验数据稳定后，在“实验数据 1”中点击“流体力学数据记录”按钮，记录当前状态下的实验数据。

（5）逐渐减小旁通阀开度，增加空气流量，读取并记录填料塔压降，重复步骤（3）、（4），同时注意塔内气、液接触情况。液泛后填料层的压降在气速增加很小的情况下明显上升，此时再取一两个点就可以了，不要使气速过于超过泛点。

（6）点击“实验报表”功能按钮即可查看实验报告。

注意：本实验是在一定的喷淋量下测量塔的压降，所以水的流量应保持不变。在实验过程中不要改变水流量调节阀的开度。

4. 传质系数的测定

建议实验条件如下：

水流量：100L/h；空气流量：16.6m^3/h；氨气流量：0.35m^3/h。

实验建议条件不一定必须采用，但要注意气量和水量不要太大，氨气浓度不要过高，否则数据将严重偏离。

（1）在“实验装置图”中，打开旋涡风机旁路阀 VA103，开度为 60%左右。

（2）在“仪表面板”中，打开旋涡风机开关。

（3）在“实验装置图”中，打开液体流量调节阀 VA104，开度为 100%，在整个湿塔压降测量过程中液体流量不变。

（4）在“实验装置图”中，打开氨气瓶总开关。

（5）在“实验装置图”中，打开氨气流量调节阀 VA102，开度为 25%左右，读取氨气温度、流量。

（6）在“实验装置图”中，点击“去尾气分析图”按钮，进入尾气分析实验装置图，打开开关，当吸收盒内的指示剂变色，关闭开关，记录湿式流量计转过的体积和气体的温度。

（7）在“实验数据 2”中，点击“传质性能记录”按钮记录传质实验数据。

三、注意事项

（1）开启氨气瓶总开关前，要先关闭氨气自动减压阀和氨气流量调节阀，开启时开度不宜过大。

（2）做传质实验时，水流量不能超过规定范围，否则尾气中的氨浓度极低，给尾气分析带来麻烦。

四、实验报告

（1）将实验数据整理在数据表中，并用其中一组数据写出计算示例过程。

（2）将 Δp - u 的关系在双对数坐标上绘制出来，确定载点和泛点。

（3）参照二氧化碳吸收实验，对实验结果进行分析、比较：①两次实验的 y_2 值；②两次实验的 K_ya 值；③物料衡算的结果。

实验十七　精馏塔仿真实验

一、实验装置与流程

实验装置示意图如图 6-8 所示。

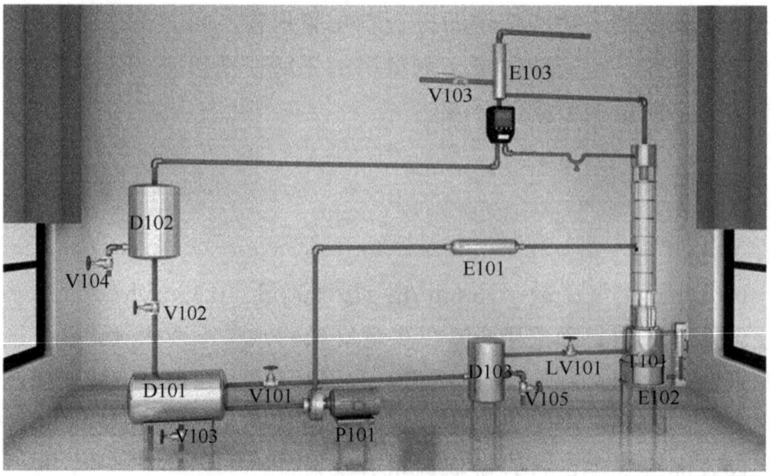

图 6-8　精馏塔实验装置示意图

T101. 精馏塔；D101. 原料液储罐；D102. 塔顶产品储罐；D103. 塔底产品储罐；E101. 预热器；E102. 塔釜电加热器；E103. 空气冷凝器；P101. 进料泵；LV101. 塔釜液位控制电磁阀

二、实验步骤

1. 选择参数

在“实验参数”界面，选择精馏段塔板数、提馏段塔板数。以下实验步骤以精馏段塔板数为 5、提馏段塔板数为 3、回流比为 4 的情况举例。

2. 精馏塔进料

（1）检查各容器罐内是否为空。

（2）检查各管路阀门是否关闭。

（3）在“实验参数”界面，配制一定浓度的乙醇-正丙醇混合液，即设置进料配料比。然后，设定进料罐的一次性进料量，单击“进料”按钮，进料罐开始进料，直到罐内液位达到 70%以上。

（4）打开进料泵 P101 的电源开关，启动进料泵。

（5）设定进料泵功率，将进料流量控制器的 MV 值设为 50%，开始进料。

（6）设定预热器功率，将进料温度控制器的 MV 值设为 60%，开始加热。

（7）如果塔釜液位涨过 70%，打开 LV101，将塔釜液位控制器的 MV 值设为 30%左右，控制塔釜液位为 70%～80%。

3. 启动再沸器

（1）打开阀门 V103，将塔顶冷凝器内通入冷却水。

（2）设定塔釜加热功率，将塔釜加热控制器的 MV 值设为 50%，使塔缓缓升温。

4. 建立回流

（1）在“回流比控制器”界面，将回流值设为 20，将采出值设为 5，即回流比控制在 4。

（2）将塔釜加热控制器的 MV 值设为 60%，加大蒸出量。

（3）将塔釜液位控制器的 MV 值设为 10%左右，控制塔釜液位在 50%左右。

5. 调整至正常

（1）进料温度稳定在 95.3℃左右时，将进料温度控制器设为自动，SP 值设为 95.3℃。

（2）塔釜液位稳定在 50%左右时，将塔釜液位控制器设为自动，SP 值设为 50%。

（3）塔釜温度稳定在 90.5℃左右时，将塔釜温度控制器设为自动，SP 值设为 90.5℃。

（4）稳定时塔顶温度在 75.8℃左右。

（5）保持稳定操作几分钟，取样记录分析组分。

6. 停车操作

（1）关闭原料预热器，将进料温度控制器设为手动，MV 值设为 0。

（2）关闭原料进料泵电源，将进料流量控制器设为手动，MV 值设为 0。

（3）关闭塔釜加热器，将塔釜温度控制器设为手动，MV 值设为 0。

（4）待塔釜温度冷却至室温后，关闭冷却水。

三、注意事项

（1）在调节塔釜加热控制器时，切不可将开度设置过大，否则容易超温。

（2）要在精馏塔各处温度稳定几分钟以后，再进行取样记录分析组分，否则组分分析不准确。

参 考 文 献

陈宝林. 2005. 最优化理论与算法. 北京：清华大学出版社.
陈敏恒，丛德滋，方图南，等. 2006. 化工原理. 3 版. 北京：化学工业出版社.
陈敏恒，方图南，丛德滋. 1996. 化工原理教与学. 北京：化学工业出版社.
陈寅生. 2005. 化工原理实验及仿真. 上海：东华大学出版社.
冯晖，居沈贵，夏毅. 2003. 化工原理实验. 南京：东南大学出版社.
冯亚云，冯朝伍，张金利. 2000. 化工基础实验. 北京：化学工业出版社.
郭庆丰，彭勇. 2004. 化工原理实验. 北京：清华大学出版社.
何晓群，刘文卿. 2001. 应用回归分析. 北京：中国人民大学出版社.
赫文秀，王亚雄. 2010. 化工原理实验. 北京：化学工业出版社.
李发永，孙亮. 2001. 化工原理实验指导. 东营：中国石油大学出版社.
梁晋文，陈林才，何贡. 2001. 误差理论与数据处理. 北京：中国计量出版社.
凌善康，李是然. 1986. 温度与流体参数测量基础. 北京：清华大学出版社.
刘振学. 2005. 实验设计与数据处理. 北京：化学工业出版社.
马江权，冷一欣，杜郢，等. 2007. 化工原理学习指导. 上海：华东理工大学出版社.
马江权，杨德明，龚方红. 2005. 计算机在化学化工中的应用. 北京：高等教育出版社.
牟宗刚. 2012. 化工原理实验. 北京：科学出版社.
史贤林，田恒水，张平. 2005. 化工原理实验. 上海：华东理工大学出版社.
孙淮清，王建中. 2000. 流体流量节流装置设计手册. 北京：化学工业出版社.
汪荣鑫. 2000. 数据统计. 西安：西安交通大学出版社.
汪学军，李岩梅，楼涛. 2009. 化工原理实验. 北京：化学工业出版社.
王家桢，王俊杰. 1996. 传感器与变送器. 北京：清华大学出版社.
王建成，卢燕，陈振. 2007. 化工原理实验. 上海：华东理工大学出版社.
王雪静，朱芳坤. 2015. 化工原理实验. 北京：化学工业出版社.
王一平，张金利，黄群武. 2005. 化工测试技术. 天津：天津大学出版社.
王志魁. 2005. 化工原理. 3 版. 北京：化学工业出版社.
吴晓艺. 2013. 化工原理实验. 北京：清华大学出版社.
伍钦，邹华生，高桂田. 2002. 化工原理实验. 广州：华南理工大学出版社.
徐国想. 2006. 化工原理实验. 南京：南京大学出版社.
徐伟. 2006. 化工原理实验. 济南：山东大学出版社.
杨祖荣. 2014. 化工原理实验. 2 版. 北京：化学工业出版社.
姚克俭，姬登祥. 2009. 化工原理实验立体教材. 杭州：浙江大学出版社.
张兴晶，王继库. 2013. 化工基础实验. 北京：北京大学出版社.

附　　录

附录 1　法定单位计量及单位换算

1. SI 基本单位

量的名称	单位名称	单位符号
长度	米	m
质量	千克	kg
时间	秒	s
电流	安[培]	A
热力学温度	开[尔文]	K
物质的量	摩[尔]	mol
发光强度	坎[德拉]	cd

2. 常用物理量符号及单位

物理量名称	符号	SI 单位	
		名称	符号
质量	m	千克	kg
力（重量）	F	牛[顿]	N
压强（压力）	p	帕[斯卡]	Pa
密度	ρ	千克每立方米	kg/m^3
黏度	μ	帕[斯卡]秒	Pa · s
功、能、热	W，E	焦[耳]	J
功率	N	瓦[特]	W

3. 基本常数与单位

名称	符号	数值
重力加速度（标）	g	$9.80665m/s^2$
玻尔兹曼常量	k	1.38044×10^{-23} J/K
摩尔气体常量	R	8.314J/（mol · K）
气体标准摩尔体积	V_m	$22.4136m^3/kmol$
阿伏伽德罗常量	N_A	6.02296×10^{23} mol^{-1}
斯特藩-玻尔兹曼常量	σ	5.669×10^{-8} W/（$m^2 \cdot K^4$）
光速（真空中）	c	2.997930×10^8 m/s

4. 常用压力单位换算表

压力单位	Pa	kgf/cm^2	atm	bar	mmHg
Pa	1	1.019716×10^{-5}	0.9869236×10^{-5}	1×10^{-5}	7.5006×10^{-3}
kgf/cm^2	9.800665×10^{4}	1	0.967841	0.980665	735.559
atm	1.01325×10^{5}	1.03323	1	1.01325	760.0
bar	1×10^{5}	1.019716	0.986923	1	750.062
mmHg	133.3224	1.35951×10^{-3}	1.315789×10^{-3}	1.33322×10^{-3}	1

附录 2　干空气的物理性质（101.3kPa）

温度 t/℃	密度 ρ/（kg/m^3）	比热容 c_p /[kJ/（kg · K）]	导热系数 $\lambda\times10^2$ /[W/（m · K）]	黏度 $\mu\times10^5$ /（Pa · s）	普朗特数 Pr
−50	1.584	1.013	2.035	1.46	0.728
−40	1.515	1.013	2.117	1.52	0.728
−30	1.453	1.013	2.198	1.57	0.723
−20	1.395	1.009	2.279	1.62	0.716
−10	1.342	1.009	2.360	1.67	0.712
0	1.293	1.009	2.442	1.72	0.707
10	1.247	1.009	2.512	1.77	0.705
20	1.205	1.013	2.593	1.81	0.703
30	1.165	1.013	2.675	1.86	0.701
40	1.128	1.013	2.756	1.91	0.699
50	1.093	1.017	2.826	1.96	0.693
60	1.060	1.017	2.896	2.01	0.696
70	1.029	1.017	2.966	2.06	0.694
80	1.000	1.022	3.047	2.11	0.692
90	0.972	1.022	3.128	2.15	0.690
100	0.946	1.022	3.210	2.19	0.688
120	0.898	1.026	3.338	2.29	0.686
140	0.854	1.026	3.489	2.37	0.684
160	0.815	1.026	3.640	2.45	0.682
180	0.779	1.034	3.780	2.53	0.681
200	0.746	1.034	3.931	2.60	0.680
250	0.674	1.034	4.268	2.74	0.677
300	0.615	1.047	4.605	2.97	0.674
350	0.566	1.055	4.908	3.14	0.676
400	0.524	1.068	5.210	3.31	0.678
500	0.456	1.072	5.745	3.62	0.687
600	0.404	1.089	6.222	3.91	0.699
700	0.362	1.102	6.711	4.18	0.706
800	0.329	1.114	7.176	4.43	0.713
900	0.301	1.127	7.630	4.67	0.717
1000	0.277	1.139	8.071	4.90	0.719
1100	0.257	1.152	8.502	5.12	0.722
1200	0.239	1.164	9.153	5.35	0.724

附录 3　水的物理性质

温度 t/℃	饱和蒸气压/kPa	密度 ρ /(kg/m^3)	焓 I /(kJ/kg)	比热容 c_p/[kJ/(kg·K)]	导热系数 $\lambda\times10^2$/[W/(m·K)]	黏度 $\mu\times10^5$ /(Pa·s)	体积膨胀系数 $\beta\times10^4$/K^{-1}	表面张力 $\sigma\times10^3$ /(N/m)	普朗特数 Pr
0	0.6082	999.9	0	4.212	55.13	179.21	–0.63	75.6	13.66
10	1.2262	999.7	42.04	4.191	57.45	130.77	0.70	74.1	9.52
20	2.3346	998.2	83.90	4.183	59.89	100.50	1.82	72.6	7.01
30	4.2474	995.7	125.69	4.174	61.76	80.07	3.21	71.2	5.42
40	7.3766	992.2	167.51	4.174	63.38	65.60	3.87	69.6	4.32
50	12.3400	988.1	209.30	4.174	64.78	54.94	4.49	67.7	3.54
60	19.9230	983.2	251.12	4.178	65.94	46.88	5.11	66.2	2.98
70	31.1640	977.8	292.99	4.178	66.76	40.61	5.70	64.3	2.54
80	47.3790	971.8	334.94	4.195	67.45	35.65	6.32	62.6	2.22
90	70.1360	965.3	376.98	4.208	67.98	31.65	6.95	60.7	1.96
100	101.33	958.4	419.10	4.220	68.04	28.38	7.52	58.8	1.76
110	143.31	951.0	461.34	4.223	68.27	25.89	8.08	56.9	1.61
120	198.64	943.1	503.67	4.250	68.50	23.73	8.64	54.8	1.47
130	270.25	934.8	546.38	4.266	68.50	21.77	9.17	52.8	1.36
140	361.47	926.1	589.08	4.287	68.276	20.10	9.72	50.7	1.26
150	476.24	917.0	632.20	4.312	68.38	18.63	10.3	48.6	1.18
160	618.28	907.4	675.33	4.346	68.27	17.36	10.7	46.6	1.11
170	792.59	897.3	719.29	4.379	67.92	16.28	11.3	45.3	1.05
180	1003.50	886.9	763.25	4.417	67.45	15.30	11.9	42.3	1.00
190	1255.6	876.0	807.63	4.460	66.99	14.42	12.6	40.8	0.96
200	1554.77	863.0	852.43	4.505	66.29	13.63	13.3	38.4	0.93
210	1917.72	852.8	897.65	4.555	65.48	13.04	14.1	36.1	0.91
220	2320.88	840.3	943.70	4.614	64.55	12.46	14.8	33.8	0.89
230	2798.59	827.3	990.18	4.681	63.73	11.97	15.9	31.6	0.88
240	3347.91	813.6	1037.49	4.756	62.80	11.47	16.8	29.1	0.87
250	3977.67	799.0	1085.64	4.844	61.76	10.98	18.1	26.7	0.86
260	4693.75	784.0	1135.04	4.949	60.48	10.59	19.7	24.2	0.87
270	5503.99	767.9	1185.28	5.070	59.96	10.20	21.6	21.9	0.88
280	6417.24	750.7	1236.28	5.229	57.45	9.81	23.7	19.5	0.89
290	7443.29	732.3	1289.95	5.485	55.82	9.42	26.2	17.2	0.93
300	8592.94	712.5	1344.80	5.736	53.96	9.12	29.2	14.7	0.97
310	9877.96	691.1	1402.16	6.071	52.34	8.83	32.9	12.3	1.02
320	11300.3	667.1	1462.03	6.573	50.59	8.53	38.2	10.0	1.11
330	12879.6	640.2	1526.19	7.243	48.73	8.14	43.3	7.82	1.22
340	14615.8	610.1	1594.75	8.164	45.71	7.75	53.4	5.78	1.38
350	16538.5	574.4	1671.37	9.504	43.03	7.26	66.8	3.89	1.60
360	18667.1	528.0	1761.39	13.984	39.54	6.67	109	2.06	2.36
370	21040.9	450.5	1892.43	40.319	33.73	5.69	264	0.48	6.80

附录4　水在不同温度下的黏度

温度 t/℃	黏度 $\mu\times10^3$ /（Pa·s）	温度 t/℃	黏度 $\mu\times10^3$ /（Pa·s）	温度 t/℃	黏度 $\mu\times10^3$ /（Pa·s）	温度 t/℃	黏度 $\mu\times10^3$ /（Pa·s）
0	1.7921	25	0.8973	51	0.5404	77	0.3702
1	1.7313	26	0.8737	52	0.5315	78	0.3655
2	1.6728	27	0.8545	53	0.5229	79	0.3610
3	1.6191	28	0.8360	54	0.5146	80	0.3565
4	1.5674	29	0.8180	55	0.5064	81	0.3521
5	1.5188	30	0.8007	56	0.4985	82	0.3478
6	1.4728	31	0.7840	57	0.4907	83	0.3436
7	1.4284	32	0.7679	58	0.4832	84	0.3395
8	1.3860	33	0.7523	59	0.4759	85	0.3355
9	1.3462	34	0.7371	60	0.4688	86	0.3315
10	1.3077	35	0.7225	61	0.4618	87	0.3276
11	1.2713	36	0.7085	62	0.4550	88	0.3239
12	1.2363	37	0.6947	63	0.4483	89	0.3202
13	1.2028	38	0.6814	64	0.4418	90	0.3165
14	1.1709	39	0.6685	65	0.4355	91	0.3130
15	1.1404	40	0.6560	66	0.4293	92	0.3095
16	1.1111	41	0.6439	67	0.4233	93	0.3060
17	1.0828	42	0.6321	68	0.4174	94	0.3027
18	1.0559	43	0.6207	69	0.4117	95	0.2994
19	1.0299	44	0.6097	70	0.4061	96	0.2962
20	1.0050	45	0.5988	71	0.4006	97	0.2930
21	1.0000	46	0.5883	72	0.3952	98	0.2899
22	0.9810	47	0.5782	73	0.3900	99	0.2868
23	0.9579	48	0.5683	74	0.3849	100	0.2838
24	0.9359	49	0.5588	75	0.3799		
25	0.9142	50	0.5494	76	0.3750		

附录5　水的饱和蒸气压（–20～100℃）

温度 t/℃	压力 p		温度 t/℃	压力 p	
	mmHg	Pa		mmHg	Pa
–20	0.772	102.93	–14	1.357	180.93
–19	0.850	113.33	–13	1.486	198.13
–18	0.935	124.66	–12	1.627	216.93
–17	1.027	136.93	–11	1.780	237.33
–16	1.128	150.40	–10	1.946	259.46
–15	1.238	165.06	–9	2.125	283.32

续表

温度 t/℃	压力 p		温度 t/℃	压力 p	
	mmHg	Pa		mmHg	Pa
−8	2.321	309.46	32	35.66	4754.51
−7	2.532	337.59	33	37.73	5030.50
−6	2.761	368.12	34	39.90	5319.82
−5	3.008	401.05	35	42.18	5623.81
−4	3.276	436.79	36	44.56	5941.14
−3	3.566	475.45	37	47.07	6275.79
−2	3.876	516.78	38	49.65	6619.78
−1	4.216	562.11	39	52.44	6991.77
0	4.579	610.51	40	55.32	7375.75
+1	4.93	657.31	41	58.34	7778.41
2	5.29	705.31	42	61.50	8199.73
3	5.69	758.64	43	64.80	8639.71
4	6.10	813.31	44	68.26	9101.03
5	6.54	871.97	45	71.88	9583.68
6	7.01	934.64	46	75.65	10086.33
7	7.51	1001.30	47	79.60	10612.98
8	8.05	1073.30	48	83.71	11160.96
9	8.61	1147.96	49	88.02	11735.61
10	9.21	1227.96	50	92.51	12334.26
11	9.84	1311.96	51	97.20	12959.57
12	10.52	1402.62	52	102.1	13612.88
13	11.23	1497.28	53	107.2	14292.86
14	11.99	1598.61	54	112.5	14999.50
15	12.79	1705.27	55	118.0	15732.81
16	13.63	1817.27	56	123.8	16505.12
17	14.53	1937.27	57	129.8	17306.09
18	15.48	2063.93	58	136.1	18146.06
19	16.48	2197.26	59	142.6	19012.70
20	17.54	2338.59	60	149.4	19919.34
21	18.65	2486.58	61	156.4	20852.64
22	19.85	2646.58	62	163.8	21839.27
23	21.07	2809.24	63	171.4	22852.57
24	22.38	2983.90	64	179.3	23905.87
25	23.76	3167.89	65	187.5	24999.17
26	25.21	3361.22	66	196.1	26145.80
27	26.74	3565.21	67	205.0	27332.42
28	28.35	3779.87	68	214.2	28559.06
29	30.04	4005.20	69	223.7	29825.67
30	31.82	4242.53	70	233.7	31158.99
31	33.70	4493.18	71	243.9	32518.92

续表

温度 t/℃	压力 p		温度 t/℃	压力 p	
	mmHg	Pa		mmHg	Pa
72	254.6	33945.54	87	466.7	62224.59
73	265.7	35425.49	88	487.1	64944.50
74	277.2	36958.77	89	506.1	67477.76
75	289.1	38545.38	90	525.8	70104.33
76	301.4	40185.33	91	546.1	72810.91
77	314.1	41878.61	92	567.0	75597.49
78	327.3	43638.55	93	588.6	78477.39
79	341.0	45465.15	94	610.9	81450.63
80	355.1	47345.09	95	633.9	84517.89
81	369.1	49291.69	96	657.6	87677.08
82	384.9	51318.29	97	682.1	90943.64
83	400.6	53411.56	98	707.3	94303.53
84	416.8	55571.49	99	733.2	97756.75
85	433.6	57811.41	100	760.0	1013330.0
86	450.9	60118.00			

附录 6　饱和水蒸气表（以温度为准）

温度 t/℃	压力 p / kPa	密度 ρ /（kg/m³）	焓 I				冷凝潜热 r /（kcal/kg）	冷凝潜热 r /（kJ/kg）
			液体 /（kcal/kg）	液体 /（kJ/kg）	蒸汽 /（kcal/kg）	蒸汽 /（kJ/kg）		
0	0.6082	0.00484	0	0	595	2491.1	595	2491.1
5	0.8730	0.00680	5.0	20.94	597.3	2500.8	592.3	2479.86
10	1.2262	0.00940	10.0	41.87	599.6	2510.4	598.6	2468.53
15	1.7068	0.01283	15.0	62.80	602.0	2520.5	587.0	2457.7
20	2.3346	0.01719	20.0	83.74	604.3	2530.1	584.3	2446.3
25	3.1684	0.02304	25.0	104.67	606.6	2539.7	581.6	2435.0
30	4.2474	0.03036	30.0	125.60	608.9	2549.3	578.9	2423.7
35	5.6207	0.03960	35.0	146.54	611.2	2559.0	576.2	2412.4
40	7.3766	0.05114	40.0	167.47	613.5	2568.6	573.5	2401.1
45	9.5837	0.06543	45.0	188.41	615.7	2577.8	570.7	2389.4
50	12.340	0.0830	50.0	209.34	618.0	2587.4	568.0	2378.1
55	15.743	0.1043	55.0	230.27	620.2	2596.7	565.2	2366.4
60	19.923	0.1301	60.0	251.21	622.5	2606.3	562.5	2355.1
65	25.014	0.1611	65.0	272.14	624.7	2615.5	559.7	2343.4
70	31.164	0.1979	70.0	293.08	626.8	2624.3	556.8	2331.2
75	38.551	0.2416	75.0	314.01	629.0	2633.5	554.0	2319.5
80	47.379	0.2929	80.0	334.94	631.1	2642.3	551.2	2307.8
85	57.875	0.3531	85.0	355.88	633.2	2651.2	548.2	2295.2
90	70.136	0.4229	90.0	376.81	635.3	2659.9	545.3	2283.1

续表

温度 t/℃	压力 p / kPa	密度 ρ / (kg/m^3)	焓 I				冷凝潜热 r / (kcal/kg)	冷凝潜热 r / (kJ/kg)
			液体 / (kcal/kg)	液体 / (kJ/kg)	蒸汽 / (kcal/kg)	蒸汽 / (kJ/kg)		
95	84.556	0.5039	95.0	397.75	637.4	2668.7	542.4	2270.9
100	101.33	0.5970	100.0	418.68	639.4	2677.0	539.4	2258.4
105	120.85	0.7036	105.1	440.03	641.3	2685.0	536.3	2245.4
110	143.31	0.8254	110.1	460.97	643.3	2693.4	533.1	2232.0
115	169.11	0.9635	115.2	482.32	645.2	2701.3	530.3	2219.0
120	198.64	1.1199	120.3	503.67	647.0	2708.9	526.7	2205.2
125	232.19	1.296	125.4	525.02	648.8	2716.4	523.5	2191.8
130	270.25	1.494	130.5	546.38	650.6	2723.9	520.1	2177.6
135	313.11	1.715	135.6	567.73	652.3	2731.0	516.7	2163.3
140	361.47	1.962	140.7	589.08	653.9	2737.7	513.2	2148.7
145	415.72	2.238	145.7	610.85	655.5	2744.4	509.7	2134.0
150	476.24	2.543	151.0	632.21	657.0	2750.7	506.0	2118.5
160	618.28	3.252	161.4	675.75	659.9	2762.9	498.5	2087.1
170	792.59	4.113	171.8	719.29	662.4	2773.3	490.6	2054.0
180	1003.5	5.145	182.3	763.25	664.6	2782.5	482.3	2019.3
190	1255.6	6.378	292.9	807.64	666.4	2790.1	473.5	1982.4
200	1554.77	7.840	203.5	852.01	667.7	2795.5	464.2	1943.5
210	1917.72	9.567	214.3	897.23	668.6	2799.3	454.4	1902.5
220	2320.88	11.60	225.1	942.45	669.0	2801.0	443.9	1858.5
230	2798.59	13.98	236.1	988.50	668.8	2800.1	432.7	1811.6
240	3347.91	16.76	247.1	1034.56	668.0	2796.8	420.8	1761.8
250	3977.67	20.01	258.3	1081.45	664.0	2790.1	408.1	1708.6
260	4693.75	23.82	269.6	1128.76	664.2	2780.9	394.5	1651.7
270	5503.99	28.27	281.1	1176.91	661.2	2768.3	380.1	1591.4
280	6417.24	33.47	292.7	1225.48	657.3	2752.0	364.6	1526.5
290	7443.29	39.60	304.4	1274.46	652.6	2732.3	348.1	1457.4
300	8592.94	46.93	316.6	1325.51	646.8	2708.0	330.2	1382.5
310	9877.96	55.59	329.3	1378.71	640.1	2680.0	310.8	1301.3
320	11300.3	65.59	334.0	1436.07	632.5	2648.2	289.5	1212.1
330	12879.6	78.53	357.5	1446.78	632.5	2610.5	266.6	1116.2
340	14615.8	93.98	373.3	1562.93	613.5	2568.6	240.2	1005.7
350	16538.5	113.2	390.8	1636.20	601.1	2516.7	210.3	880.5
360	18667.1	139.6	413.0	1729.15	583.4	2442.6	170.3	713.0
370	21040.9	171.0	451.0	1888.25	549.8	2301.9	98.2	411.1
374	22070.9	322.6	501.1	2098.00	501.1	2098.0	0	0

附录 7　饱和水蒸气表（以压力为准）

压力 p/kPa	温度 t/℃	密度 ρ/（kg/m^3）	焓 I/（kJ/kg）		气化热 r/（kJ/kg）
			液体	蒸汽	
1.0	6.3	0.00773	26.48	2503.1	2476.8
1.5	12.5	0.01133	52.26	2515.3	2463.0

续表

压力 p/kPa	温度 t/℃	密度 ρ/（kg/m³）	焓 I/（kJ/kg）		气化热 r/（kJ/kg）
			液体	蒸汽	
2.0	17.0	0.01486	71.21	2524.2	2452.9
2.5	20.9	0.01836	87.45	2531.8	2444.3
3.0	23.5	0.02179	98.38	2536.8	2438.4
3.5	26.1	0.02523	109.30	2541.8	2432.5
4.0	28.7	0.02867	120.23	2546.8	2426.6
4.5	30.8	0.03205	129.00	2550.9	2421.9
5.0	32.4	0.03537	135.69	2554.0	2418.3
6.0	35.6	0.04200	149.06	2560.1	2411.0
7.0	38.8	0.04864	162.44	2566.3	2433.8
8.0	41.3	0.05514	172.73	2571.0	2398.2
9.0	43.3	0.06156	181.16	2574.8	2393.6
10.0	45.3	0.06798	189.59	2578.5	2388.9
15.0	53.5	0.09956	224.03	2594.0	2370.0
20.0	60.1	0.13068	251.51	2606.4	2354.9
30.0	66.5	0.19093	288.77	2622.4	2333.7
40.0	75.0	0.24975	315.93	2634.1	2312.2
50.0	81.2	0.30799	339.80	2644.3	2304.5
60.0	85.6	0.36514	358.21	2652.1	2393.9
70.0	89.9	0.42229	376.61	2659.8	2283.2
80.0	93.2	0.47807	390.08	2665.3	2275.3
90.0	96.4	0.53384	403.49	2670.8	2267.4
100.0	99.6	0.58961	416.90	2676.3	2259.5
120.0	104.5	0.69868	437.51	2684.3	2246.8
140.0	109.2	0.80758	457.67	2692.1	2234.4
160.0	113.0	0.82981	473.88	2698.1	2224.4
180.0	116.6	1.0209	489.32	2703.7	2214.3
200.0	120.2	1.1273	493.71	2709.2	2204.6
250.0	127.2	1.3904	534.39	2719.7	2185.4
300.0	133.3	1.6501	560.38	2728.5	2168.1
350.0	138.8	1.9074	583.76	2736.1	2152.3
400.0	143.4	2.1618	603.61	2742.1	2138.5
450.0	147.7	2.4152	622.42	2747.8	2125.4
500.0	151.7	2.6673	639.59	2752.8	2113.2
600.0	158.7	3.1686	670.22	2761.4	2091.1
700.0	164.7	3.6657	696.27	2767.8	2071.5
800.0	170.4	4.1614	720.96	2773.7	2052.7
900.0	175.1	4.6525	741.82	2778.1	2036.2
1×10^3	179.9	5.1432	762.68	2782.5	2019.7
1.1×10^3	180.2	5.6339	780.34	2785.5	2005.1
1.2×10^3	187.8	6.1241	797.92	2788.5	1990.6

续表

压力 p/kPa	温度 t/℃	密度 ρ/（kg/m^3）	焓 I/（kJ/kg）		气化热 r/（kJ/kg）
			液体	蒸汽	
1.3×10^3	191.5	6.6141	814.25	2790.9	1976.7
1.4×10^3	194.8	7.1038	829.06	2792.4	1963.7
1.5×10^3	198.2	7.5935	843.86	2794.5	1950.7
1.6×10^3	201.3	8.0814	857.77	2796.0	1938.2
1.7×10^3	204.1	8.5674	870.58	2797.1	1926.5
1.8×10^3	206.9	9.0533	883.39	2798.1	1914.8
1.9×10^3	209.8	9.5392	896.21	2799.2	1903.0
2×10^3	212.2	10.0338	907.32	2799.7	1892.4
3×10^3	233.7	15.0075	1005.4	2798.9	1793.5
4×10^3	250.3	20.0969	1082.9	2789.8	1706.8
5×10^3	263.8	25.3663	1146.9	2776.2	1629.2
6×10^3	275.4	30.8494	1203.2	2759.5	1556.3
7×10^3	285.7	36.5744	1253.2	2740.8	1487.6
8×10^3	294.8	42.5768	1299.2	2720.5	1403.7
9×10^3	303.2	48.8945	1343.5	2699.1	1356.6
10×10^3	310.9	55.5407	1384.0	2677.1	1293.1
12×10^3	324.5	70.3075	1463.4	2631.2	1167.7
14×10^3	336.5	87.3020	1567.9	2583.2	1043.4
16×10^3	347.2	107.8010	1615.8	2531.1	915.4
18×10^3	356.9	134.4813	1699.8	2466.0	766.1
20×10^3	365.6	176.5961	1817.8	2364.2	544.9

附录 8　一些二元物系的气-液平衡组成

1. 乙醇-水溶液气-液平衡数据（p =101.325kPa）

液相中乙醇的摩尔分数	气相中乙醇的摩尔分数	液相中乙醇的摩尔分数	气相中乙醇的摩尔分数
0.00	0.000	0.45	0.635
0.01	0.110	0.50	0.657
0.02	0.175	0.55	0.678
0.04	0.273	0.60	0.698
0.06	0.340	0.65	0.725
0.08	0.392	0.70	0.755
0.10	0.430	0.75	0.785
0.14	0.482	0.80	0.820
0.18	0.513	0.85	0.855
0.20	0.525	0.894	0.894
0.25	0.551	0.90	0.898
0.30	0.575	0.95	0.942
0.35	0.595	1.00	1.000
0.40	0.614		

2. 乙醇-丙醇气-液平衡数据（p =101.325kPa）

温度 t/℃	97.16	93.85	92.66	91.60	88.32	86.25	84.98	84.13	83.06	80.59	78.38
液相中乙醇的摩尔分数	0	0.126	0.188	0.210	0.358	0.416	0.546	0.600	0.663	0.844	1.0
液相中丙醇的摩尔分数	0	0.240	0.318	0.339	0.550	0.650	0.711	0.760	0.799	0.914	1.0

3. 正庚烷-甲基环乙烷的气-液平衡数据（p =101.325kPa）

液相中正庚烷的摩尔分数	气相中正庚烷的摩尔分数	液相中正庚烷的摩尔分数	气相中正庚烷的摩尔分数
0.031	0.035	0.559	0.578
0.058	0.062	0.599	0.618
0.095	0.103	0.6407	0.666
0.133	0.143	0.709	0.728
0.18	0.192	0.756	0.771
0.216	0.229	0.796	0.81
0.2715	0.289	0.843	0.8535
0.307	0.333	0.879	0.89
0.363	0.381	0.906	0.913
0.401	0.42	0.913	0.94
0.456	0.475	0.954	0.9625
0.501	0.521	0.98	0.986

附录 9　某些气体溶于水的亨利系数

	气体	温度/℃															
		0	5	10	15	20	25	30	35	40	45	50	60	70	80	90	100
$E\times10^{-6}$/kPa	H_2	5.87	6.16	6.44	6.70	6.92	7.16	7.39	7.52	7.61	7.70	7.75	7.75	7.71	7.65	7.61	7.55
	N_2	5.35	6.05	6.77	7.48	8.15	8.76	9.36	9.98	10.5	11.0	11.4	12.2	12.7	12.8	12.8	12.8
	空气	4.38	4.94	5.56	6.15	6.73	7.30	7.81	8.34	8.82	9.23	9.59	10.2	10.6	10.8	10.9	10.8
	CO	3.57	4.01	4.48	4.95	5.43	5.88	6.28	6.68	7.05	7.39	7.71	8.32	8.57	8.57	8.57	8.57
	O_2	2.58	2.95	3.31	3.69	4.06	4.44	4.81	5.14	5.42	5.70	5.96	6.37	6.72	6.96	7.08	7.10
	CH_4	2.27	2.62	3.01	3.41	3.81	4.18	4.55	4.92	5.27	5.58	5.85	6.34	6.75	6.91	7.01	7.10
	NO	1.71	1.96	2.21	2.45	2.67	2.91	3.14	3.35	3.57	3.77	3.95	4.24	4.44	4.54	4.58	4.60
	C_2H_6	1.28	1.57	1.92	2.90	2.66	3.06	3.47	3.88	4.29	4.69	5.07	5.72	6.70	6.70	6.96	7.01
$E\times10^{-5}$/kPa	C_2H_4	5.59	6.62	7.78	9.07	10.3	11.6	12.9	—	—	—	—	—	—	—	—	—
	N_2O	—	1.19	1.43	1.68	2.01	2.28	2.62	3.06	—	—		—	—	—	—	—
	CO_2	0.738	0.888	1.05	1.24	1.44	1.66	1.88	2.12	2.36	2.60	2.87	3.46	—	—	—	—
	C_2H_2	0.73	0.85	0.97	1.09	1.23	1.35	1.48	—	—	—	—	—	—	—	—	—
	Cl_2	0.272	0.334	0.399	0.461	0.537	0.604	0.669	0.74	0.80	0.86	0.90	0.97	0.99	0.97	0.96	—
	H_2S	0.272	0.319	0.372	0.418	0.489	0.552	0.617	0.686	0.755	0.825	0.689	1.04	1.21	1.37	1.46	—
$E\times10^{-4}$/kPa	SO_2	0.167	0.203	0.245	0.294	0.355	0.413	0.485	0.567	0.661	0.763	0.871	1.11	1.39	1.70	2.01	—

附录 10　乙醇-水体系浓度与折射率的关系（25℃）

乙醇摩尔分数	折射率 n_D	乙醇摩尔分数	折射率 n_D
0	1.3325	0.5524	1.3632
0.0332	1.3380	0.5836	1.3632
0.07162	1.3438	0.6177	1.3633
0.1168	1.3490	0.6510	1.3632
0.1706	1.3538	0.6929	1.3631
0.2351	1.3575	0.7352	1.3630
0.3164	1.3600	0.7804	1.3625
0.4186	1.3620	0.8286	1.3621
0.4807	1.3628	0.8801	1.3615
0.5218	1.3630	1.0	1.3595

附录 11　常见气体的扩散系数

1. 一些物质在氢气、二氧化碳、空气中的扩散系数（0℃，101.3kPa）

物质名称	$D\times10^4$/（m²/s）			物质名称	$D\times10^4$/（m²/s）		
	H_2	CO_2	空气		H_2	CO_2	空气
H_2		0.550	0.611	NH_3			0.198
O_2	0.697 .	0.139	0.178	Br_2	0. 563	0.0363	0.086
N_2	0.674		0.202	I_2			0.097
CO	0.651	0.137	0.202	HCN			0.133
CO_2	0.550		0.138	H_2S			0.151
SO_2	0.479		0.103	CH_4	0.625	0.153	0.223
CS_2	0.3689	0.063	0.0892	C_2H_4	0.505	0.096	0.152
H_2O	0.7516	0.1387	0.220	C_6H_6	0.294	0.0527	0.0751
空气	0.611	0.138		甲醇	0.5001	0.0880	0.1325
HCl			0.156	乙醇	0.378	0.0685	0.1016
SO_3			0.102	乙醚	0.296	0.0552	0.0775
Cl_2			0.108				

2. 一些物质在水溶液中的扩散系数

溶质	浓度 /（mol/L）	温度/℃	扩散系数 $D\times10^9$ /（m²/s）	溶质	浓度 /（mol/L）	温度/℃	扩散系数 $D\times10^9$ /（m²/s）
HCl	9	0	2.7		0.6	5	2.4
	7	0	2.4		1.3	5	1.9
	4	0	2.1		0.4	5	1.8
	3	0	2.0		9	10	3.3
	2	0	1.8		6.5	10	3.0
	0.4	0	1.6		2.5	10	2.5

续表

溶质	浓度/（mol/L）	温度/℃	扩散系数 $D\times10^9$/（m^2/s）
	0.8	10	2.2
	0.5	10	2.1
	2.5	15	2.9
	3.2	19	4.5
	1.0	19	3.0
	0.3	19	2.7
	0.1	19	2.5
	0	20	2.8
CO_2	0	10	1.46
	0	15	1.60
	0	18	1. 71±0.03
	0	20	1.77
NH_3	0.686	4	1.22
	3.5	5	1.24
	0.7	5	1.24
	1.0	8	
	饱和	8	1.08
	饱和	10	1.14
	1.0	15	1.77
	饱和	15	1.26

溶质	浓度/（mol/L）	温度/℃	扩散系数 $D\times10^9$/（m^2/s）
		20	2.04
C_2H_2	0	20	1.80
Br_2	0	20	1.29
CO	0	20	1.90
C_2H_4	0	20	1.59
H_2	0	20	5.94
HCN	0	20	1.66
H_2S	0	20	1.63
CH_4	0	20	2.06
N_2	0	20	1.90
O_2	0	20	2.08
SO_2	0	20	1.47
Cl_2	0.138	10	0.91
	0.128	13	0.98
	0.11	18.3	1.21
	0104	20	1.22
	0.099	22.4	1.32
	0.092	25	1.42
	0.083	30	1.62
	0.07	35	1.8

附录 12　常用流体流速范围

介质名称	条件	流速/(m/s)
过热蒸汽	$D_g<100$	20～40
	$100\leqslant D_g\leqslant200$	30～50
	$D_g>200$	40～60
饱和蒸汽	$D_g<100$	15～30
	$100\leqslant D_g\leqslant200$	25～35
	$D_g>200$	30～40
蒸汽 低压	$p<0.98$MPa	15～20
蒸汽 中压	$0.98<p<3.92$MPa	20～40
蒸汽 高压	$3.92<p<11.76$MPa	40～60
一般气体	常压	10～20
高压乏气		80～100
氢气		≤8.0
氮气	p=4.9～9.8MPa	2～5
氧气	p=0～0.05MPa(表)	5～10
	p=0.05～0.59MPa(表)	7～8
	p=0.59～0.98MPa(表)	4～6
	p =0.98～1.96MPa(表)	4～5
	p=1.96～2.94MPa(表)	3～4
压缩空气	p=0.10～0.20MPa(表)	10～15
压缩气体	$p<0.1$MPa(表)	5～10
	p=0.10～0.20MPa(表)	8～12
	p=0.20～0.59MPa(表)	10～20
	p=0.59～0.98MPa(表)	10～15

介质名称	条件	流速/(m/s)
压缩气体	p=0.98～1.96MPa(表)	8～10
	p=1.96～2.94MPa(表)	3～6
	p=2.94～24.5MPa	0.5～3.0
设备排气		20～25
煤气		8～10
半水煤气	p=0.10～0.15MPa	10～15
烟道气	烟道内	3.0～6.0
	管道内	3.0～4.0
工业烟囱	自然通风	2.0～8.0
车间通风换气	主管	4.5～15
	支管	2.0～8.0
硫酸	质量浓度 88%～100%	1.2
液碱	质量浓度 0～30%	2
	30%～50%	1.5
	50%～63%	1.2
乙醚、苯	易燃易爆安全允许值	<1.0
甲醇、乙醇、汽油	易燃易爆安全允许值	<2
食盐水	含固体	2～4.5
	无固体	1.5
水及黏度相似的液体	p=0.10～0.29MPa(表)	0.5～2.0
	$p<0.98$MPa(表)	0.5～3.0
	$p<7.84$MPa(表)	2.0～3.0
	p=19.6～29.4MPa(表)	2.0～3.5

续表

介质名称	条件	流速/(m/s)
锅炉给水	p>0.784MPa(表)	>3.0
自来水	主管 p=0.29MPa(表)	1.5～3.5
	支管 p=0.29MPa(表)	1.0～1.5
蒸汽冷凝水	自流	0.5～1.5
冷凝水		0.2～0.5
过热水		2.0
热网循环水		0.5～1.0
热网冷却水		0.5～1.0
压力回水		0.5～2.0
无压回水		0.5～1.2
油及黏度较大的液体		0.5～2.0
液体(μ=50mPa·s)	D_g≤25	0.5～0.9
	25≤D_g≤50	0.7～1.0
	50≤D_g≤100	1.0～1.6
液体(μ=100mPa·s)	D_g≤25	0.3～0.6
	25≤D_g≤50	0. 5～0.7
	50≤D_g≤100	0.7～1.0

介质名称	条件	流速/(m/s)
液体(μ=1000mPa·s)	D_g≤25	0.1～0.2
	25≤D_g≤50	0.16～0.25
	50≤D_g≤100	0.25～0.35
	100≤D_g≤200	0.35～0.55
离心泵(水及黏度相似的液体)	吸入管	1.0～2.0
	排出管	1.5～3.0
往复泵(水及黏度相似的液体)	吸入管	0.5～1.5
	排出管	1.0～2.0
往复式真空泵	吸入管	13～16
	排出管 p<0.98MPa	8～10
	排出管 p=0.98～9.8MPa	10～20
空气压缩机	吸入管	<10～15
	排出管	15～20
旋风分离器	吸入管	15～25
	排出管	4.0～15
通风机、鼓风机	吸入管	10～15
	排出管	15～20

附录 13　IS 型单级单吸离心泵规格（摘录）

泵型号	流量/（m^3/h）	扬程/m	转速/（r/min）	气蚀余量/m	泵效率/%	功率/kW	
						轴功率	电机功率
IS50-32-125	7.5	22	2900		47	0.96	2.2
	12.5	20	2900	2.0	60	1.13	2.2
	15	18.5	2900		60	1.26	2.2
	3.75		1450				0.55
	6.3	5	1450	2.0	54	0.16	0.55
	7.5		1450				0.55
IS50-32-160	7.5	34.3	2900		44	1.59	3
	12.5	32	2900	2.0	54	2.02	3
	15	29.6	2900		56	2.16	3
	3.75		1450				0.55
	6.3	8	1450	2.0	48	0.28	0.55
	7.5		1450				0.55
IS50-32-200	7.5	525	2900	2.0	38	2.82	5.5
	12.5	50	2900	2.0	48	3.54	5.5
	15	48	2900	2.5	51	3.84	5.5
	3.75	13.1	1450	2.0	33	0.41	0.75
	6.3	12	1450	2.0	42	0.51	0.75
	7.5	12	1450	2.5	44	0.56	0.75
IS50-32-250	7.5	82	2900	2.0	28.5	5.67	11
	12.5	80	2900	2.0	38	7.16	11
	15	78.5	2900	2.0	41	7.83	11
	3.75	20.5	1450	2.0	23	0.91	15
	6.3	20	1450	2.0	32	1.07	15
	7.5	19.5	1450	2.5	35	1.14	15

续表

泵型号	流量/（m³/h）	扬程/m	转速/（r/min）	气蚀余量/m	泵效率/%	功率/kW	
						轴功率	电机功率
IS65-50-125	15	21.8	2900		58	1.54	3
	25	20	2900	2.0	69	1.97	3
	30	18.5	2900		68	2.22	3
	7.5		1450				0.55
	12.5	5	1450	2.0	64	0.27	0.55
	15		1450				0.55
IS65-50-160	15	35	2900	2.0	54	2.65	5.5
	25	32	2900	2.0	65	3.35	5.5
	30	30	2900	2.5	66	3.71	5.5
	7.5	8.8	1450	2.0	50	0.36	0.75
	12.5	8.0	1450	2.0	60	0.45	0.75
	15	7.2	1450	2.5	60	0.49	0.75
IS65-40-200	15	63	2900	2.0	40	4.42	7.5
	25	50	2900	2.0	60	5.67	7.5
	30	47	2900	2.5	61	6.29	7.5
	7.5	13.2	1450	2.0	43	0.63	1.1
	12.5	12.5	1450	2.0	66	0.77	1.1
	15	11.8	1450	2.5	57	0.85	1.1
IS65-40-250	15		2900				15
	25	80	2900	2.0	63	10.3	15
	30		2900				15
IS65-40-315	15	127	2900	2.5	28	18.5	30
	25	125	2900	2.5	40	21.3	30
	30	123	2900	3.0	44	22.8	30
IS80-65-125	30	22.5	2900	3.0	64	2.87	5.5
	50	20	2900	3.0	75	3.63	5.5
	60	18	2900	3.0	74	3.93	5.5
	15	5.6	1450	2.5	55	0.42	0.75
	25	5	1450	2.5	71	0.48	0.75
	30	4.5	1450	3.0	72	0.51	0.75
IS80-65-160	30	36	2900	2.5	61	4.82	7.5
	50	32	2900	2.5	73	5.97	7.5
	60	29	2900	3.0	72	6.59	7.5
	15	9	1450	2.5	66	0.67	1.5
	25	8	1450	2.5	69	0.75	1.5
	30	7.2	1450	3.0	68	0.86	1.5
IS80-50-200	30	53	2900	2.5	55	7.87	15
	50	50	2900	2.5	69	9.87	15
	60	47	2900	3.0	71	10.8	15
	15	13.2	1450	2.5	51	1.06	2.2
	25	12.5	1450	2.5	65	1.31	2.2
	30	11.8	1450	3.0	67	1.44	2.2
IS80-50-160	30	84	2900	2.5	52	13.2	22
	50	80	2900	2.5	63	17.3	
	60	75	2900	3.0	64	19.2	
IS50-50-250	30	84	2900	2.5	52	13.2	22
	50	80	2900	2.5	63	17.3	22
	60	75	2900	3.0	64	19.2	22
IS80-50-315	30	128	2900	2.5	41	25.5	37
	50	125	2900	2.5	54	31.5	37
	60	123	2900	3.0	57	35.3	37
IS100-80-125	60	24	2900	4.0	67	5.86	11
	100	20	2900	4.5	78	7.00	11
	120	16.5	2900	5.0	74	7.28	11